コンピュータビジョン最前線

CV

Spring 2022

Contents

JN046994

コンピュータビジョン最前線

CV

Spring
2022

【イマドキノ 動画認識】

「動き」を捉える CV技術

巻頭言：**藤吉弘亘**

イマドキノ 動画認識：**原　健翔**

フカヨミ 超解像：**内田　奏**

フカヨミ 敵対的サンプル：**福原吉博**

フカヨミ 画像生成：**秋本直郁**

ニュウモン Visual SLAM：**櫻田　健**

こんぴゅ〜た☆びじょん君：**@kanejaki**

共立出版

Visual Hull 的チュートリアルのススメ

■藤吉弘亘

　2000 年前後に取り組まれていたコンピュータビジョンのアルゴリズムである視体積交差法（visual hull）をご存知だろうか。視体積交差法は，Laurentini が提案した Shape-from-silhouette による 3D 再構成手法である。まず，カメラ視点からシルエット画像[1]を用いて復元対象のオブジェクトを投影したシルエット円錐を作成する。異なる視点で撮影したシルエット画像から生成された円錐の交点は Visual Hull と呼ばれ，この交点を求めることでオブジェクトの 3 次元形状の復元が可能となる。図 1 は，CV ならびに CG 界で有名な "Stanford Bunny"（http://graphics.stanford.edu/data/3Dscanrep/）と呼ばれる 3D オブジェクトを復元した例である。少ない視点のシルエット画像から復元した 3 次元形状は，本来のバニーの 3 次元形状になっていない。一方で，多数の異なる視点のシルエット画像を用いると，正確な 3 次元形状を復元することができる。

　これは，原著論文を読むことにおいても同様であると私は思う。論文の本質がどこにあるかを深く理解するには，一視点から読み込むのではなく，異なる

[1] シルエット画像の前景マスクは，復元対応であるオブジェクトの 2 次元投影である。

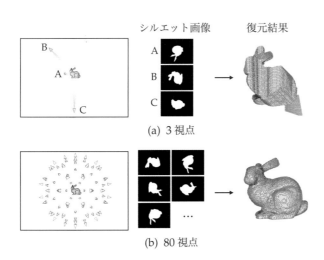

(a) 3 視点

(b) 80 視点

図 1 視体積交差法（visual hull）。http://www.sanko-shoko.net/note.php?id=tjly のコードを利用して作成。

視点をもって読み込むことが重要となる。これにより，論文に潜む本質が浮かび上がってくる。一人ではなく多くの人の視点があれば，本質の形はさらに明確に見えてくる。結果，その本質の理解がより良い研究開発に繋がる。この多数視点として役に立つのが，チュートリアルに関する記事やチュートリアル講演である。

情報処理学会CVIM（コンピュータビジョンとイメージメディア）研究会では，2006年末からコンピュータビジョン分野における最新理論・アルゴリズムについてのチュートリアル講演シリーズを開催し，毎回大盛況であった。僣越ながら，私も2006年に，「物体認識のための画像特徴量」というタイトルでSIFTなどの画像局所特徴量について，チュートリアル講演を担当した。当時（今も？）若手研究者であった私にとって，一流の研究者を前にチュートリアルを行うことはかなりの重圧であり，論文を正確に理解しようと何度も熟読した上で，論文の本質がどこにあるかを深く探るために，異なる角度から熟考を繰り返した。このような試みが功を奏してか，この講演後，"SIFTの人!?"と呼ばれるようになり，このチュートリアルが結果として論文をより深く理解するための良い訓練となった。このような経験から，国内学会であるMIRU2010の若手プログラムにおいて「チュートリアルのススメ」（https://www.slideshare.net/hironobufujiyoshi/ss-24407786）と題した発表を行い，本質に近づくための第一歩として，チュートリアルを聴講するだけでなく，チュートリアルを行う側になることを強く勧めたものである。

CVIM研究会のチュートリアル講演シリーズは，シリーズが終了する2013年までの間，講演内容を加筆・編集して，全6巻の『コンピュータビジョン最先端ガイド』（発行：アドコム・メディア）として刊行され，より多くの方の本質の理解に貢献し，好評を博した。

最終巻の最後のトピックは，ディープラーニングであった。2012年以降，コンピュータビジョン研究はディープラーニングが主体となり，画像認識から画像生成，強化学習などに範囲が広がり，多様化かつ複雑化してきた。このような状況を踏まえ，終刊から8年を経た2021年5月，満を持してCVIM研究会は『コンピュータビジョン最前線』と連動する形でチュートリアル講演シリーズを再開した。季刊の『コンピュータビジョン最前線』に合わせて，年4回のチュートリアル講演を企画している。いち早く最新動向を知りたい方は，研究会への参加もぜひ検討していただきたい。

さて，『コンピュータビジョン最前線 Spring 2022』では，「イマドキノ 動画認識」を産業技術総合研究所の原健翔氏，「フカヨミ 超解像」をSansan株式会社の内田奏氏，「フカヨミ 敵対的サンプル」を株式会社エクサウィザーズ/早稲田大学の福原吉博氏，「フカヨミ 画像生成」をソニーグループ株式会社の秋本直郁氏，「ニュウモン Visual SLAM」を産業技術総合研究所の櫻田健氏に執筆

していただいた。創刊号からさらに充実した内容を提供できたと編集委員一同自負している。これらの解説記事が皆さんのより深い論文理解の助けとなることを願うとともに，読者の皆さんがそれぞれ視体積交差法の新たな視点となることで，日本のコンピュータビジョン研究の共同体がさらなる発展を遂げることを願ってやまない。

ふじよし ひろのぶ（中部大学）

イマドキノ 動画認識
実世界の"動き"を捉える最先端手法

■原健翔

刻一刻と変化していく実世界を理解するためには，静止画のように瞬間瞬間を切り取って認識するのではなく，時系列を含んだ動画で捉え，動画中に含まれる動きを認識することが重要となる。本稿では，画像認識分野と同様に深層学習技術が隆盛している近年の動画認識分野における「代表的な認識モデル」や「動画を対象とした各種タスク」を取り扱う。前者においては，深層学習時代の基本的な認識モデルとなっている畳み込みニューラルネットワーク（convolutional neural network; CNN）の動画認識への適用や，最近話題になっている Transformer [1] をベースにした認識モデルについて触れる。後者においては，最も基本的なタスクである人物行動認識から，動画中に現れる物体間の関係性を推定する時空間シーングラフ生成といった高次の理解を要求する複雑なタスクまで，幅広く紹介していく。

1 はじめに

まず，本稿では動画を対象としたパターン認識を総称して「動画認識」と呼ぶことにする。動画認識技術には，画像認識で提案された技術を動画に適用できるように拡張したものが多くある。たとえば，動画全体から抽出した局所特徴量を Bag of Visual Words により符号化するという，深層学習以前の代表的な動画認識手法は，画像認識において同様のアプローチが成功していたことを受けて提案された技術である。この流れは深層学習時代である現在も続いており，VGG [2]，Inception [3]，Residual Network（ResNet）[4] といった画像認識における代表的な CNN のネットワーク構造は，動画向けに拡張されている。コンピュータビジョン分野において基本的な対象となる画像認識には馴染みのある読者も多いと思うので，本稿ではそれらとの関係についても触れつつ，動画認識分野について紹介していく。

動画認識技術の発展の流れとして，代表的な局所特徴点検出手法（画像でいうと SIFT [5]）である STIP（space-time interest point）[6] が 2005 年に提案されて以降，動画から抽出した局所特徴量を Bag of Visual Words で符号化し，

SVM（support vector machine）で認識するというアプローチが一般的になった。その後，画像認識で密な局所特徴量抽出が有効とされたことを受け，2011年に動画全体から密に局所特徴量を抽出する Dense Trajectories [7] が提案され，その有効性から広く用いられていた。これと時を近くして，2012 年に AlexNetが ILSVRC で優勝し，画像認識では深層学習の導入が急速に進んでいった。その後，動画認識でも深層学習手法が提案されるようになったものの，当初の認識精度は Dense Trajectories のようなハンドクラフト特徴量を用いた手法に大きく劣っていた。

　そのような状況の中で 2014 年に登場したのが，Two-Stream CNN である。Two-Stream CNN は，動画のフレーム列を入力とした CNN である SpatialStream（空間ストリーム）に加えて，動画中の動きを表すオプティカルフロー（optical flow）を入力とした CNN である Temporal Stream（時間ストリーム）を統合した手法であり，ハンドクラフト特徴量に匹敵する精度を達成した [8]。この Two-Stream 構造は 2021 年現在においても用いられるほど定着しており，その後の動画認識手法に大きく影響を与えている。基本的な Two-Stream 構造をベースとして，各 Stream の統合方法の変更など，さまざまな改善がその後数年で行われた結果，深層学習ベースの動画認識手法の性能がハンドクラフト特徴量を超え，動画認識においても深層学習が一般的に用いられるようになった。

　静止画と動画の一番の違いは時間軸の存在であり，時間的な変化である動画中の動きをどのように表現するかが動画認識においては重要な要素となる。上述した Two-Stream CNN では，オプティカルフローを導入することで明示的に動きを表現するアプローチを採用しており，その後も 2 次元の静止画空間に 1次元の時間軸を加えた 3 次元空間で畳み込みを行う 3 次元畳み込みニューラルネットワーク（3D CNN）が高い性能を示すことが確認 [9] され，広く用いられるようになった。また，さらに近年では，動画同様に系列データである自然言語処理で大きな成功を収めた Transformer [1] の導入が活発に検討され [10, 11]，大きな注目を集めている。本稿の 2 節では，このあたりの変遷も含め，動画認識における代表的な認識モデルを紹介していく。

　画像認識において，画像中に含まれる物体のクラスを推定する Image Classification 以外に，物体のクラスに加えて位置も推定する Object Detection，画素ごとに物体クラスを推定する Semantic Segmentation，画像の内容を文章で記述する Image Captioning といったさまざまなタスクが存在するように，動画認識においても類似したさまざまなタスクが提案され，研究が進められている。たとえば，動画中に含まれる行動のクラスに加えて開始・終了時刻も推定する Temporal Action Localization や，フレームごとに行動クラスを推定するAction Segmentation などである。画像認識で提案され広く認知されたタスク

は，動画への拡張が試みられる場合が多い。もちろん，フレーム間で特定の物体を追跡する Object Tracking など，時間軸を含む動画ならではのタスクも，同様に研究されている。動画認識でも，深層学習の導入に伴う技術の急速な進展により，単純なタスクの性能が高い水準に収束しつつあるため，近年ではより複雑かつ高次な理解を要求するタスクを提案する場合が増えている。3 節では，動画認識におけるさまざまなタスクの問題設定や代表的なデータセット，近年のトレンドについて触れる。

2 代表的な認識モデル

本節では，主に深層学習時代の代表的な動画認識モデルを紹介していく。深層学習以前の動画認識に興味のある読者は，別途サーベイ論文 [12] などを参照されたい。

一口に深層学習といってもさまざまなものが存在するが，コンピュータビジョン分野では畳み込み（convolution）処理を基本とする CNN が中心となっており，動画認識においてもそれは変わらない。ただし，動画には時間軸が存在するため，画像認識における畳み込み処理とは若干異なる点がある。そのため，まず 2.1 項で動画認識における畳み込みについて述べる。続いて 2.2 項では，代表的な動画認識モデルについて具体的に説明していく。

なお，本節で説明するモデルは，基本的には動画認識の最も一般的なタスクである Action Recognition [1] を想定したものである。タスクの詳細については，次節で説明する。

2.1 動画認識における畳み込み

動画認識において利用される畳み込み処理は，2 次元畳み込みと 3 次元畳み込みに大別される。2 次元畳み込みは，画像認識で用いられるものとまったく同じであり，動画フレームの 2 次元空間（縦横）中で畳み込み処理を行うものである。それに対して，3 次元畳み込みは，縦横の 2 次元に時間軸の 1 次元を加えた 3 次元空間で，空間と時間を同時に畳み込み処理するものである。一般的に 3 次元というと，平面の 2 次元に奥行きを加えた 3 次元を指すことが多いが，動画において 3 次元という場合は，今回のように奥行きではなく時間軸が加わることがあるので注意されたい [2]。また，3 次元畳み込みの亜種として，空間方向の 2 次元畳み込みと時間方向の 1 次元畳み込みを切り分けて適用することで，擬似的な 3 次元の畳み込み処理を行う (2+1) 次元畳み込みもある。図 1 にそれぞれの畳み込み処理を示し，その性質，計算量，メモリなどを，以下で詳細に説明する。

[1] 1 動画を入力として 1 ラベルを出力とする分類タスク。動画中の人物がどのような行動をしているかを理解することを目的とした，古くから取り組まれてきた動画認識タスクである。

[2] もちろん縦横奥行きの 3 次元を指す場合もあるので，文脈から判断する必要がある。また，本稿では触れないが，縦横奥行きに時間を加えた 4 次元を扱う動画認識の研究も存在する。

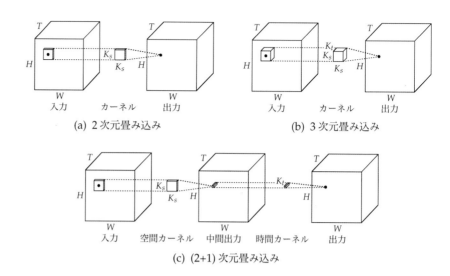

(a) 2次元畳み込み   (b) 3次元畳み込み

(c) (2+1) 次元畳み込み

図1　動画認識における各種畳み込み処理。W, H はそれぞれ動画フレームの幅，高さであり，T は動画のフレーム数である。2次元畳み込みはサイズが $1 \times K_s \times K_s$ の，3次元畳み込みは $K_t \times K_s \times K_s$ の畳み込みカーネルを適用する計算処理となる。また，(2+1) 次元畳み込みは，先に $1 \times K_s \times K_s$ の畳み込みカーネルを適用した後，$K_t \times 1 \times 1$ の畳み込みカーネルを適用するという計算処理である。

2次元畳み込み

　2次元畳み込みを動画，すなわち時空間の3次元特徴マップに対して適用する際には，入力フレームごとに2次元畳み込みカーネルを適用する。つまり，時間方向では入力動画の情報はいっさい混ざらず，独立な情報として各フレームを処理することを意味する。計算処理としては，図1 (a) に示すように，3次元特徴マップにサイズが $1 \times K_s \times K_s$ の3次元畳み込みカーネルを適用することと等価である。入力特徴マップのサイズを $T \times H \times W$，チャネル数を M，出力特徴マップのチャネル数を N としたとき，$1 \times K_s \times K_s$ のカーネルを畳み込む計算量は $T \cdot H \cdot W \cdot M \cdot K_s^2 \cdot N$ であり，1層のパラメータ数は $M \cdot K_s^2 \cdot N$ である。なお，動画に対する2次元畳み込みの適用方法として，入力動画を $3T$ チャネル（RGB の3チャネルとフレーム数 T）の2次元入力として扱う場合もある [8, 13, 14]。この場合，最初の畳み込み層で全フレームが混ぜ合わされることになり，それ以降の層では明示的な時間軸は存在せず，画像認識とまったく同様の処理が行われる。

3次元畳み込み

　3次元畳み込みでは，図1 (b) に示すように，適用する畳み込みカーネルが時間方向にも大きさをもつようになる。これにより，複数フレームにまたがって畳み込み計算が行われるため，各フレームを独立に処理する2次元畳み込みと

は異なり，複数のフレームの情報を混ぜ合わせることができる。入力特徴マップのサイズを $T \times H \times W$，チャネル数を M，出力特徴マップのチャネル数を N としたときに，$K_t \times K_s \times K_s$ のカーネルを畳み込む計算量は $T \cdot H \cdot W \cdot M \cdot K_s^2 \cdot K_t \cdot N$ であり，1層のパラメータ数は $M \cdot K_s^2 \cdot K_t \cdot N$ である。つまり，3次元畳み込みは2次元畳み込みと比較して，計算量とパラメータ数がそれぞれ K_t 倍となる。3次元畳み込みは時空間の情報を同時に処理できるという利点がある一方で，計算量の増加による学習・推論時間の増加や，パラメータ数の増加による必要な学習データ量の増加という欠点も存在する。

(2+1) 次元畳み込み

(2+1) 次元畳み込み[3] は，図1 (c) にあるように，3次元畳み込みを空間方向の2次元畳み込みと時間方向の1次元畳み込みに切り分けて，擬似的に3次元の畳み込みを行うことで，計算量とパラメータ数の削減を試みたものである。サイズが $T \times H \times W$，チャネル数が M という入力特徴マップに対して，カーネルサイズが $1 \times K_s \times K_s$ で出力チャネル数が N_s の2次元畳み込みと，カーネルサイズが $K_t \times 1 \times 1$ で出力チャネル数が N_t の1次元畳み込みを行うときの計算量は，$T \cdot H \cdot W \cdot M \cdot K_s^2 \cdot N_s + T \cdot H \cdot W \cdot N_s \cdot K_t \cdot N_t = T \cdot H \cdot W (M \cdot K_s^2 \cdot N_s + N_s \cdot K_t \cdot N_t)$ であり，1層のパラメータ数は $M \cdot K_s^2 \cdot N_s + N_s \cdot K_t \cdot N_t$ である。$N_t = N$ かつ $N_s = (M \cdot K_s^2 \cdot K_t \cdot N)/(M \cdot K_s^2 + N \cdot K_t)$ のとき，(2+1) 次元畳み込みと3次元畳み込みの計算量およびパラメータ数は等しくなり，そのときの認識精度は (2+1) 次元畳み込みのほうが高いことが確認されている [16]。(2+1) 次元畳み込みのような空間と時間に処理を分割するという手法は，CNN での畳み込み処理だけでなく，Transformer での自己注意の計算処理にも近年導入されており，動画認識における基本的な計算処理となりつつある。

2.2　認識モデル

続いて本項では，代表的な深層学習を用いた動画認識のモデルを紹介する。まず，2次元畳み込みによる認識モデルを紹介し，次に3次元畳み込みによる認識モデルについて説明する。加えて，Transformer による認識モデルについて触れ，最後に，近年の主流である CNN による認識モデルと Transformer による認識モデルを比較する。

2次元畳み込みによる認識モデル

(1) Two-Stream CNN

初めに説明するのは，1節でも触れた Two-Stream CNN [8] である。Two-Stream CNN は，動画認識の深層学習時代において最初の代表的な認識モデル

[3] (2+1) 次元畳み込みは比較的近い時期に同時多発的に提案されており [15, 16, 17]，各論文で呼び方が異なる。本稿では (2+1) 次元畳み込みと呼ぶことにする。

となっている。当初提案されたネットワーク構造は，基本的な部分においては画像認識で用いられるものとほぼ変わらず，5つの2次元畳み込み層と2つの全結合層から構成されている。詳細なネットワーク構造については，文献[8]を参照されたい。

Two-Stream CNN の肝は，図2に示すように，動画フレームの RGB の画素値をそのまま入力して空間的な情報を扱う Spatial Stream CNN と，動画中のフレーム間の動きを表すオプティカルフロー[4]を入力して時間的な情報を扱う Temporal Stream CNN を組み合わせて利用する点にある。動画認識のための拡張としては，オプティカルフローの導入というシンプルな改善ながらも，オプティカルフローの有効性を確認できたほか，2つの Stream の統合により単体の利用と比較して精度が向上することも示されている。また，文献[8]では，ImageNet データセットを用いて Spatial Stream を Pretraining したり，学習データ量を増やすために2つの動画データセットをマルチタスク学習により組み合わせて利用するなど，精度改善のための細かい工夫が多数取り入れられている。これらにより，ハンドクラフト特徴量が覇権を握っていた動画認識において，それに匹敵する精度を先駆けて実現でき，動画認識に大きな貢献を果たした。なお，文献[8]では，Spatial Stream よりも Temporal Stream のほうが高い認識精度を達成できることが確認されているが，文献[9]の結果によると，より大規模なデータセットでの実験では両者の差はほぼなくなることがわかっている。RGB のカラー画像空間よりも縦横方向のオプティカルフロー空間のほうが学習すべき空間が狭く，比較的少ないデータ量でも学習が容易だったのではないかと考えられる。

その後，Two-Stream CNN は2014年に提案された元のモデルからさまざまな改善が施されており，ネットワーク構造や Pretraining 方法の改善[13]や，ハンドクラフト特徴量との組み合わせ[14]，2つの Stream の統合方法の検討[18, 19, 20]

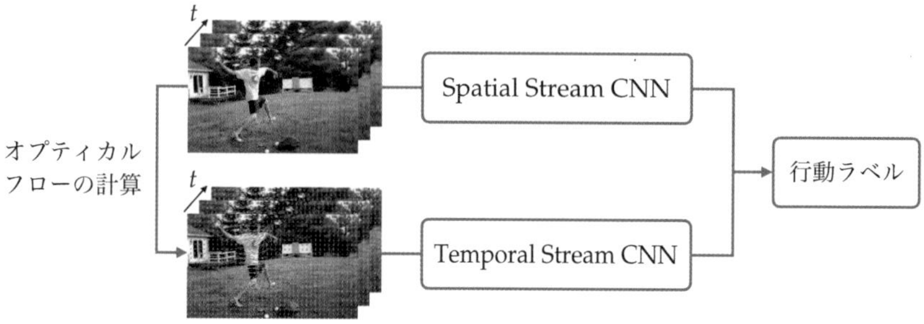

[4] 前のフレームのある画素が次のフレームのどの画素に対応するかを計算することで，フレーム中の各画素の動きを表現するもの。オプティカルフローの計算自体も，今なお研究されるコンピュータビジョン分野のタスクの1つである。

図2　Two-Stream CNN の仕組み。元動画と事前に計算したオプティカルフロー動画をそれぞれ CNN に入力し，その後統合することで動画を認識する。

などにより，単独のハンドクラフト特徴量よりも高い認識性能を実現するに至った。これらの流れにより，動画認識の手法も，ハンドクラフト特徴量から深層学習に完全に切り替わっていった。

(2) CNN+LSTM

次に紹介するのは，時系列データを扱うのに適した Long Short-Term Memory（LSTM）を導入した動画認識モデル [21, 22] である。画像認識で高い性能を示した CNN を動画認識に適用する場合に考えられるアプローチとして，動画中の各フレームの特徴表現を CNN により獲得した上で，特徴表現の時系列データを LSTM で集約して動画全体の特徴を表現する手法は自然な発想といえる。Two-Stream CNN と同様に，CNN 部分には画像認識と同様の構造（AlexNetなど）が採用される。図 3 に示すように，CNN はフレームごとに適用されるため，CNN を通して得た特徴量には静的な空間の情報のみが含まれることになるが，後段の LSTM によって動画全体の時系列としての動的な情報が抽出される。LSTM を追加することで，各フレームを独立に処理するよりも高い認識精度が得られることが確認されている [21, 22]。LSTM の導入は，基本的なタスクである行動認識ではそれによる精度向上が限定的なため頻繁には行われないが，動画中のフレームごとのクラスを推定する Action Segmentation など一部のタスクでは多数の手法で取り入れられている。つまり，LSTM は解きたい問題によっては有効なものとなりうる。

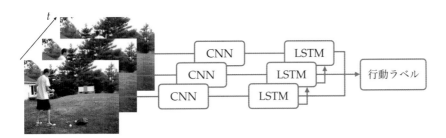

図 3　CNN+LSTM の仕組み。各フレームを CNN に入力して特徴抽出し，その後 LSTM によって動画全体の時系列表現を獲得することで動画を認識する。

3 次元畳み込みによる認識モデル

ここまでで説明したモデルは，畳み込み処理としては 2 次元畳み込みを採用したものであったのに対し，ここからは 3 次元畳み込みを用いる 3D CNN をベースとした認識モデルを紹介していく。前述したように，3 次元畳み込みは動画の空間的な畳み込みと時間的な畳み込みを同時に行うことにより，見えの特徴と動きの特徴の両方を同時に獲得することを可能にする処理である。時系

5) Sports-1M [23] あるいは YouTube-8M [24] という大規模動画データセットは比較的早い段階で公開されていたが, 1つ1つの動画が長く, 付与されたクラスに関係ないフレームも多いなど, ノイズが多い上にデータ量が純粋に大きすぎたこともあり, 利用しやすいデータセットとは言い難いものであった。

列の処理も, LSTM などと異なり, 基本的な畳み込み処理として実装できるため, 並列化が可能で GPU との相性も良く, 動画認識の有効な手法として当初から期待されていた。しかしながら, 2.1 項でも述べたように, 2次元畳み込みと比較して学習すべきパラメータ数が増えることから, 要求するデータ量が大きいという欠点があった。深層学習による動画認識が活発になった当初は, 画像認識における ImageNet データセットに相当する大規模な動画データセットは存在しなかった[5]こともあり, 3D CNN の学習は困難であった。また, 画像データでも学習可能な 2D CNN では ImageNet データセットで Pretraining することで大規模データの不足を補えていたのに対して, 3D CNN は動画データを用いないと学習できなかったため, 期待に反して 2D CNN ベースの認識モデルよりも低い精度に留まっていた。この状況は, 2017 年に DeepMind 社から Kinetics という 30 万を超える動画を含むデータセットが公開されたことにより改善された。すなわち, 3D CNN の学習が過学習の問題なく可能になって, 精度が大きく改善し, 動画認識モデルにおいて3次元畳み込みが一般的に採用されるに至った。以下では, 代表的な 3D CNN のモデルを紹介していく。なお, 3D CNN のモデルについてはサーベイ論文 [25] もあるので, より詳細に興味のある読者はそちらも参照されたい。

(1) C3D

まず, 3D CNN の最初の代表的モデルである C3D [26] について説明する。C3D は画像認識における VGG-11 [2] の 3×3 の2次元畳み込みを, 3×3×3 の3次元畳み込みに置き換えたネットワーク構造をもつ認識モデルである。畳み込みカーネルの時間方向のサイズについては, 3にするのがよいと論文 [26] で実験的に確認されている。この論文中での認識精度自体は, ハンドクラフト特徴量を用いた手法や Two-Stream CNN と比較すると劣るものではあった[6]が, これは C3D が提案された 2015 年には Kinetics データセットが公開されておらず, 大規模な動画データセットは限られていたことにも起因するだろう。それであっても, 3次元畳み込みにより動画認識において一定の性能を達成できることを示した価値は大きく, 広く認知された認識モデルとなった。

6) 論文中では, モデルのアンサンブルやハンドクラフト特徴量 (iDT) との組み合わせにより, 高い認識精度が出るようにしている。

また, C3D の論文 [26] では, モデルに入力する動画のサイズを 16 フレーム ×112 画素×112 画素としている[7]が, 入力動画のサイズはフレーム数が多いほど, また画素数が多いほど, 認識精度が向上することが Varol ら [27] により示されている。筆者の経験的には, この傾向は C3D 以外のモデルでも同様である。また, 論文 [27] により, 2次元ではなく3次元畳み込みを用いる C3D においても, RGB の画素値を入力する Spatial Stream とオプティカルフローを入力する Temporal Stream を組み合わせた Two-Stream 構造を採用することで,

7) 動画のフレームレートは 30 fps 程度であることが多いため, 16 フレームの場合は 0.5 秒程度の長さの動画を処理することになる。

認識精度が向上することが確認されている。3D CNN においては，3 次元畳み込みの繰り返しにより動きの情報を内部で獲得し，オプティカルフローの事前計算が不要になることを期待したくなるが，結果としてはそのようなことにはならなかった。これについても C3D に限ったことではなく，他の 3D CNN でも同様の傾向が見られる。

(2) I3D

次に紹介する 3D CNN による動画認識モデルは，I3D [9] である。I3D は画像認識における GoogLeNet（Inception v1）[3] の 2 次元畳み込みを 3 次元畳み込みに置き換えたような構造をしている。I3D を紹介する上でポイントとなる点は 2 つある。1 つ目は，画像データで Pretraining した 2 次元畳み込みのパラメータを 3 次元畳み込みに利用する Inflation である。前述したように，3 次元畳み込みの問題点の 1 つは，大規模な画像データセットを用いた Pretraining がしにくいことであった。I3D の論文 [9] では，その点を解決するために，画像データで Pretraining した 2 次元畳み込みのパラメータを時間方向に複製して配置し，3 次元畳み込みのパラメータとして扱う Inflation という処理を提案している（図 4 参照）。これにより，ImageNet での Pretraining という強力なテクニックが動画認識でも利用可能になった。

2 つ目のポイントは，大規模動画データセットである Kinetics での Pretraining も行うことで，非常に高い認識精度を達成した点である。I3D は Kinetics と同様に DeepMind 社のチームにより提案されており，論文は I3D と Kinetics を同時に提案する形になっている。ImageNet で Pretraining したパラメータの Inflation に加えて Kinetics での Pretraining も行い，単純な 3D CNN である

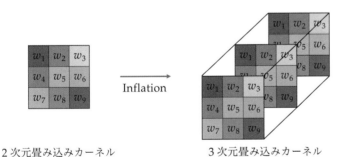

2 次元畳み込みカーネル　　　　　3 次元畳み込みカーネル

図 4　2 次元の 3×3 畳み込みカーネルから 3 次元の 3×3×3 畳み込みカーネルへの Inflation。2 次元畳み込みカーネルを時間方向に複製して配置し，3 次元畳み込みのパラメータとして利用する。実際の Inflation では，全体の重みを複製回数で割ることで出力値のスケールを揃える処理が行われるが，図中では省略している。

I3D[8] で，ネットワーク構造が作り込まれた 2D CNN ベースの手法を上回る認識精度を達成しており，大きな衝撃を与えた。

(3) 3D ResNet

続いて，3D ResNet [28, 29, 30] について触れる。名前から想像できるように，画像認識における ResNet [4] の 2 次元畳み込みを 3 次元畳み込みに置き換えたものである。R3D と呼ぶ場合もある [16]。Kinetics が公開され，I3D が高い認識精度を叩き出したものの，I3D のネットワーク構造は 22 層であり，画像認識に用いる ResNet が 100 層以上の構成になっていたのに比べると，動画認識における 3D CNN は比較的浅い構造となっていた。その理由は，当時は十分に深いネットワーク構造のモデルを学習するのに耐えうる大規模な動画データセットが整備されていなかったことが大きい。3D ResNet の論文 [29] では，Kinetics データセットが公開されたこともあり，3D CNN においても画像認識と同様に 100 層を超えるようなモデルが学習可能となったのかどうかを検証するための実験を行っている。結果として，ImageNet での ResNet の学習がモデルの層数を 152 層に増やすまで精度が向上していったのと同様に，Kinetics での 3D ResNet の学習も，152 層のモデルまで層数を増やすほど精度が向上していくことが確認された。これは，動画認識においても Pretraining の有効性が ImageNet と同等のデータセットが登場し，動画認識における大規模な深層学習がより活発化することを示唆する結果であった。

(4) R(2+1)D

次に，3 次元畳み込みの亜種である (2+1) 次元畳み込みを採用したモデルとして，R(2+1)D [16] を紹介する。R(2+1)D は基本的に 3D ResNet と同様に，画像認識における ResNet をベースとした構造をもつモデルであり，2 次元畳み込みを (2+1) 次元畳み込みに置き換えている。3 次元畳み込みを 2 次元畳み込みと 1 次元畳み込みに分解し，擬似的な 3 次元の処理を行うことで，計算コストやパラメータ数を削減したものである。論文中では，(2+1) 次元畳み込みを採用して削減したパラメータ数の分，畳み込みフィルタの特徴マップ数を増やすことで，純粋な 3 次元畳み込みよりも認識精度が向上することを示している。

(5) SlowFast Network

本項で最後に紹介する CNN ベースの認識モデルは，SlowFast Network [31] である。これは，Two-Stream CNN のように 2 つの Stream[9] から構成される認識モデルとなっている。Two-Stream CNN と異なる点として，SlowFast Network ではどちらの Stream も RGB の画素値を入力としており，2 つの入力の違いはフレームレートである。Stream はそれぞれ Slow，Fast と名づけられている。Slow Stream では低いフレームレートの動画を入力して空間的な情報

を抽出し，Fast Stream では高いフレームレートの動画を入力することで時間的な動きの情報に焦点を当てるように設計されている。文献 [31] 中では，入力が 30 fps の動画の場合，Slow Stream では 2 fps 程度，Fast Stream では 15 fps 程度にフレームレートを変換して，動画を各ストリームに入力している。SlowFast Network は，計算効率も高くなるように設計されている。Slow Stream はフレームレートが低いため効率的に計算可能であり，Fast Stream では畳み込みのチャネル数を減らすことで計算量を削減している。Slow と Fast で役割を分割することで，Fast Stream が空間の意味的な情報を扱う必要をなくし，少ないチャネル数で済ますという意図もある。これらの組み合わせにより認識精度が向上することが確認されており，また，他のモデルと比較して少ない計算量でより高い認識精度が達成できることも示されている。

Transformer による認識モデル

　次に，Transformer を導入した動画認識モデルについて触れる。自然言語処理で大きな成功を収めた Transformer が，近年コンピュータビジョン分野で積極的に導入されており，動画認識でも 2021 年に入ってからさまざまな Transformer ベースのモデルに関する論文が arXiv に次々と掲載されてきた [10, 11, 32, 33, 34]。本稿を執筆している 2021 年 10 月現在では，TimeSformer（Time-Space Transformer）[10], ViViT（Video Vision Transformer）[11] がそれぞれ ICML2021, ICCV2021 という機械学習やコンピュータビジョンのトップ国際会議で採択されている。TimeSformer も ViViT も，基本的には画像認識に Transformer を適用した ViT（Vision Transformer）[35] を動画認識に応用しており，同時期に開発されたこともあってか，ほかにも共通点が多い。ViT は画像を固定サイズのパッチに分割し，切り出したパッチを系列データのトークンとして並べ，自己注意（self-attention）の計算を繰り返すことで最終的に画像認識を行うモデルである。ViT 自体の詳細については，創刊号の「イマドキノ CV」でわかりやすく説明されているので，そちらに譲ることとして，ここでは動画認識への応用という点に絞って説明する。

　TimeSformer にしても ViViT にしても，注目すべき点は，対象が動画となることで加わった時間軸をどのように扱うかである。まず入力のトークン化については，TimeSformer ではフレームごとにパッチ分割し，長さがフレームごとのパッチ数 × フレーム数のトークン系列として動画を扱っている。一方で ViViT では，TimeSformer と同様の扱いに加えて，パッチを複数フレームにまたがるように拡張し，時空間の 3 次元ボリュームの形で動画を分割してトークン化する Tubelet Embedding も提案した。その結果，Tubelet Embedding のほうが，フレームごとのパッチ分割よりも高い性能を示すことが確認された。

次に，自己注意の計算処理を行う際の時間軸の扱いについてである。TimeS-
former では，この点についていくつかの手法を比較した上で，空間方向の自己
注意と時間方向の自己注意をそれぞれ分割して適用する Divided Space-Time
Attention が最も有効であることを確認した。これは，畳み込み処理でいうと，
(2+1) 次元畳み込みのアプローチと類似したもので，まず空間的に同じ位置に
あるパッチをそれぞれ時系列のトークン系列として並べて時間方向の自己注意
を計算した後，各フレームに含まれるパッチのトークン系列に対してそれぞれ
空間方向の自己注意を計算するというものである。この Divided Space-Time
Attention は，学習すべきパラメータ数は増えるものの，計算量が削減されて
処理効率が上がるという利点もある。一方で ViViT では，Divided Space-Time
Attention と同様の処理を行う Factorised Self-Attention に加えて，Factorised
Encoder（図 5 参照）と呼ばれる手法も提案している。これは，各フレームに ViT
と同様の形で自己注意の計算を繰り返す Spatial Transformer Encoder を先に適
用し，動画をフレームごとの特徴ベクトルの系列に変換したあとで，Temporal
Transformer Encoder を適用して時間方向の自己注意を計算するという枠組みで
ある。その結果として，Factorised Self-Attention よりも Factorised Encoder の
ほうが良い性能を示すことが確認されており，現時点においては，時系列の表現
を行う前に各フレームの特徴を符号化しておくアプローチが有効とされている。
これは，CNN を用いた枠組みでいうと，本項で 2 番目に紹介した CNN+LSTM
に近いアプローチである。CNN+LSTM は単純な動画認識のタスクにおいて用
いられることは少なかったが，Transformer の隆盛により，このようなアプロー
チが見直されることもあるかもしれない。

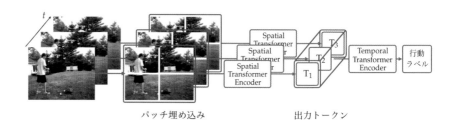

パッチ埋め込み　　　　　　　　　出力トークン

図 5　Transformer（Factorised Encoder）による動画認識。図中の赤枠は，次
ステップの Transformer Encoder による自己注意の計算範囲を示している。各
フレームのパッチを Spatial Transformer Encoder に入力してフレームごとの
トークンを抽出し，その後 Temporal Transformer Encoder によって動画全体
の時系列としての表現を獲得することで動画を認識する。

動画認識における CNN vs. Transformer

　最後に，CNN ベースおよび Transformer ベースの動画認識モデルを，性能や計算量などの観点から対比した結果について述べる。2021 年時点で最先端の認識モデルからいくつかを取り上げ，その性能を表 1 に示す。CNN ベースのモデルとして SlowFast Network，Transformer ベースのモデルとして TimeSformer および ViViT を示している。認識精度の数値だけを見ると，最も良いモデルは ViViT-L（81.7%）で，次いで TimeSformer-L（80.7%）となっており，一見すると Transformer が CNN を上回る性能を達成しているように見える。しかし，認識モデルの Pretraining に用いたデータセットの規模も考慮すると，Transformer のほうが優秀であるとは言い切れない。たとえば，同じ ImageNet-1K を用いて Pretraining した SlowFast R101-NL と TimeSformer-L の認識精度はそれぞれ 79.8% と 78.1% であり，CNN ベースの SlowFast のほうが高くなっている。TimeSformer-L はより規模が大きい ImageNet-21K で Pretraining することで上述の認識精度 80.7% を達成するが，SlowFast R101-NL を ImageNet-21K で Pretraining した結果は示されていないため，この条件での比較はできない。したがって，Pretraining に用いたデータセットの規模が同じであった場合には，CNN と Transformer は同等の認識精度を達成できる可能性が残っている。

　一方，表中の数値からわかる Transformer の優位性として，低い計算量での認識精度の高さがある。CNN ベースの SlowFast R50 では，75.6% の認識精度を実現するために 1.97 TFLOPs の計算量を要求するのに対して，TimeSformer は 0.59 TFLOPs という低い計算量で同等の精度（75.8%）を達成してい

表 1　CNN ベースと Transformer ベースの認識モデルの比較。Pretrain はモデルの Pretraining に用いたデータセットを示す。認識精度は Kinetics-400 データセットでの Top-1 精度であり，計算量は推論時のものを示している。SlowFast R50，SlowFast R101-NL は，SlowFast Network のバックエンドに，それぞれ ResNet-50/101 を採用したものであり，ResNet-101 を採用したモデルは，動画認識性能を底上げする Non-Local Operation（NL）[36] をさらに追加している。TimeSformer-L は入力動画のフレーム数を TimeSformer の 8 フレームから 32 フレームに増やしたモデルである。ViViT は Factorised Encoder を採用しており，ViViT-B と ViViT-L はモデルの層数などの違いからパラメータ数が異なる。表中の数値は文献 [10, 11] から引用。

認識モデル	Pretrain	認識精度（%）	計算量（TFLOPs）
SlowFast R50	ImageNet-1K	75.6	1.97
SlowFast R101-NL	ImageNet-1K	79.8	7.02
TimeSformer	ImageNet-1K	75.8	0.59
TimeSformer-L	ImageNet-1K	78.1	7.14
TimeSformer-L	ImageNet-21K	80.7	7.14
ViViT-B	ImageNet-21K	78.8	0.28
ViViT-L	ImageNet-21K	81.7	11.94

る。ImageNet-21K で Pretraining した ViViT-B も，0.28 TFLOPs で 78.8%という認識精度になっており，計算量に対する認識精度のパフォーマンスが高い。動画認識の計算量は画像認識に比べて高いため，Transformer の計算量の低さは大きな利点である。なお，表には記載がないが，メモリ量については，Transformer ベースの認識モデルは CNN ベースよりも明確に大きい[10] ため，注意が必要である。

このように，2021 年時点では，動画認識における CNN と Transformer の優劣ははっきりしていない。今後どちらが優位に立つかは，今年注目すべき点の 1 つになるだろう。

3 動画認識の各種タスク

前節では Action Recognition を中心として代表的な認識モデルを紹介してきたが，動画認識分野ではほかにもさまざまなタスクが研究されている。たとえば，行動のラベルに加えて開始・終了時刻も同時に推定する Temporal Action Localization や，加えて空間的な座標情報（バウンディングボックス; bounding box）まで推定する Spatiotemporal Action Localization，動画中の各フレームに行動ラベルを付与する Action Segmentation などである。行動ラベルを出力とする以外に，自然言語で動画中の記述を行う Dense Captioning や，動画中の人物と各物体の関係性を記述する Spatiotemporal Scene Graph Generation といったタスクもある。表 2 に動画認識分野における主なタスクとその問題設定

表 2　動画認識分野における主なタスク

タスク	問題設定
Action Recognition	動画中の行動ラベルを出力
Action Proposal Generation	動画中の行動候補の開始・終了時刻を複数出力
Temporal Action Localization	動画中の行動のラベルと開始・終了時刻を複数出力
Spatiotemporal Action Localization	動画中の行動のラベルと空間座標，開始・終了時刻を複数出力
Dense Captioning	動画中の内容を開始・終了時刻を指定して自然言語で複数記述
Action Segmentation	動画中の各フレームに対して行動ラベルを出力
Spatiotemporal Scene Graph Generation	動画中の各フレームに含まれる人物・物体間の関係性を出力

[10] たとえば，SlowFast R50 の 34.6M に対して TimeSformer は 121.4M と，同等の認識精度のモデルで約 3.5 倍のメモリ消費量となっている。

Action
Recognition

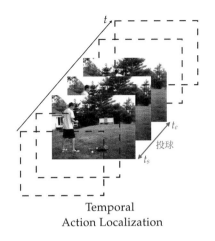

Temporal
Action Localization

Spatiotemporal
Scene Graph Generation

図 6 Action Recognition, Temporal Action Localization, Spatiotemporal Scene Graph Generation の概要図。図中に赤字で示してあるのが各タスクの出力である。

を示す。本節では，多数ある動画認識のタスクの中でも，Action Recognition, Temporal Action Localization, Spatiotemporal Scene Graph Generation について詳細に説明していく。各タスクの概要は図 6 に示してあるので，そちらも参照されたい。

(1) Action Recognition

最初に紹介するのは，動画認識の中で最も基本的なタスクとなる Action Recognition である。論文によっては，Action ではなく，Activity や Behavior, Event などであったり，単に Video Recognition といったりと，表現にばらつきはあるものの，それらは同じタスクを意味していることが多い。このタスクは，ある動画が入力されたときに，動画中で起きている行動のラベルを出力するという問題設定であり，画像認識の Image Classification に対応するものである。入力する動画は，単一の行動を含むように開始・終了時刻でトリミングされたもの（数秒〜十数秒程度）であることが多い[11]。前節で紹介した代表的な認識モデルは，概ねこのタスクを対象として提案されたものである。

このタスクで用いられる主なデータセットとして，HMDB-51 [37], UCF-101 [38], Kinetics-400/600/700 [39, 40, 41] などがある。これらのデータセットに含まれる多くの動画は，YouTube から収集されたものである。そのうち

[11] Untrimmed Action Recognition のように，開始・終了時刻でトリミングされておらず，行動と無関係のフレームを含んでいる動画の認識を行うタスクも存在する。

HMDB-51 は，映画から収集された動画を多く含んでいる．各データセットの名前についている数字は，そのデータセットで定義された行動カテゴリの数を意味している．HMDB-51 は 2011 年，UCF-101 は 2012 年，Kinetics-400/600/700 はそれぞれ 2017/2018/2019 年に公開されており，年を追うごとに行動カテゴリ数が増加してきた．行動カテゴリ数の増加に伴ってデータセットの動画数も増加しており，HMDB-51, UCF-101 は数千〜数万動画という規模であったのに対し，Kinetics には数十万動画が含まれる．他の多くのタスクと同様に，より大規模かつ高難易度の動画データセットが順次登場していることがわかる．HMDB-51 と UCF-101 は，主に認識モデルのベンチマークテストを行う目的で長く利用されてきたデータセットであり，Kinetics は性能評価とともに Pretraining 用としても多く用いられるデータセットである．各データセットで定義されている行動カテゴリは，日常的な行動（笑う，泣く，握手，ハグ，ジョギング，運転など）から，スポーツ系（野球の投球・捕球，テニスをする，サッカーボールを蹴るなど），音楽系（ギターを弾く，ハーモニカを吹く，歌うなど）など多岐にわたり，エアドラムのような特殊なカテゴリも含まれる．Action Recognition は基本的なタスクであるため，ここで挙げた以外にも多くのデータセットが存在する．他のデータセットに興味のある読者は，サーベイ論文 [25] でも一部触れられているため，そちらを参照されたい．

評価尺度としては，基本的には認識精度が用いられており，Kinetics が提案されてからは，Top-1/Top-5 の認識精度[12] や，それらの平均値で議論する場合もある．

また，Clip Accuracy と Video Accuracy の両方を示して議論している論文も存在する．認識モデルは固定長の動画を入力として受け取る場合が多いが，当然データセット中の動画の長さはそれぞれ異なる．画像の場合，リサイズして大きさを揃えて入力するのが一般的であるのに対し，動画の場合は元の動画から固定のフレーム数で切り出したクリップを入力することが多い．動画の場合でも補間したりフレームを間引いたりするなどの方法はあるが，通常用いられない．これは，動画中の動きの情報に大きく影響する場合もあるためだと思われる．一般的に使われるアプローチは，1 つの動画から複数のクリップを切り出してそれぞれ認識モデルに入力し，出力された各クリップのクラス確率の平均をとり，最終的な出力として扱うという方法である．ここで，各クリップの出力を独立に扱って認識精度を計算したものが Clip Accuracy であり，全クリップで平均をとってから認識精度を計算したものが Video Accuracy である．論文中で言及がない限り，Video Accuracy が示されていると思えばよい．

近年では，上で挙げたデータセットでの認識精度は非常に高くなってきてお

[12] Kinetics では 1 動画につき 1 ラベルしか与えられていないが，実際には複数の行動ラベルを含む内容の動画も多いため，Top-1 だけではなく Top-5 も見て評価するという方法が採用された．

り[13]，最近の Action Recognition に関する研究では，純粋に認識精度を上げるだけではなく，別の方向に発展させようとするものが見られる。たとえば，トップ国際会議である CVPR で直近（2020, 2021）に発表された論文に目を向けてみると，より詳細な行動を認識したり [42, 43, 44]，動画中の時系列における長期的な依存関係を表現したり [45, 46, 47, 48] するための手法やデータセットの提案や，効率的に学習・推論を行う [49, 50, 51] ための手法などが挙げられる。また，前節でも触れたように，CNN ではなく Transformer をベースとした Action Recognition 手法も活発に研究されるようになっており，成熟しつつあるこのタスクの研究が大きく動くこともあるかもしれない。

(2) Temporal Action Localization

次に紹介するのは，Temporal Action Localization である。タスクの名称については，Temporal Action Detection や，単に Action Detection と呼ぶ[14] 論文もある。このタスクは動画版の Object Detection のようなものであり，動画中に含まれる各行動に対して，行動ラベルと開始・終了時刻を推定する問題設定である。動画は基本的に数十秒〜数分といった長さのものが多く，1 つの動画中に複数の行動が存在するのが普通である。

実験によく用いられるデータセットは，THUMOS'14 [52] [15] や ActivityNet（v1.2, v1.3）[53] である。どちらのデータセットも，もとはコンペティション用のもので，コンペティションで競われながら発展してきたタスクといえる[16]。THUMOS'14 は，学習データに UCF-101 データセットの動画を利用しており，追加で UCF-101 の 101 種類の行動カテゴリのいずれも含まない背景動画を提供している。さらに，検証・テスト用データとして，それぞれ 101 カテゴリに分類された行動を 1 つ以上含む動画が数千本用意されている。ActivityNet は，学習データとして約 1 万，検証・テスト用データとしてそれぞれ約 5 千の動画を提供しており，各動画には 200 カテゴリに分類された行動が 1 つ以上含まれている。

このタスクでは，評価尺度として，Object Detection と同じく mean Average Precision（mAP）が用いられている。2021 年現在の最先端の手法による，THUMOS'14, ActivityNet 両データセットでの mAP は，重なり率（intersection over union）が 0.5 のときに 50 強となっており，長く続いているタスクにもかかわらず，まだ改善の余地を感じさせる数値となっている。しかしながら，行動の開始・終了時刻を定義することは人間にとっても難しく，個人差などの影響で曖昧なものであるため，完全な精度を達成することは本質的に難しい問題設定であることに注意されたい。

Temporal Action Localization に関する近年の研究では，より少ないアノテー

---

13) I3D が提案された論文 [9] において，UCF-101 で 97.9%，HMDB-51 で 80.2% が達成されて以降，両データセットはベンチマークとしての役割を終えつつある。Kinetics データセットでも，Top-1/Top-5 精度がそれぞれ 80%/95% 程度となっており，非常に高い認識精度が達成されている。

14) 単に Action Detection というと，Spatiotemporal Action Localization のほうを指す場合もあるので注意されたい。

15) 理由はわからないが，より新しい THUMOS'15 よりも THUMOS'14 のほうがよく利用されているようである。

16) THUMOS Challenge は 2015 年で終了し，その後 2016 年からは ActivityNet Challenge がそれを引き継いで開催されてきた。ActivityNet Challenge は 2021 年現在でも開催されており，Temporal Action Localization のタスクも継続されている。

ションコストで学習を実現しようという取り組みが多く見られる印象がある。直近（2020, 2021）の CVPR で発表された論文を見ると，開始・終了時刻のアノテーションがなく動画単位の行動ラベルのみアノテーションされたデータから学習する Weakly-Supervised Temporal Action Localization [54, 55, 56] や，一部の動画のみに開始・終了時刻および行動クラスのアノテーションが付与されているデータから学習する Semi-supervised Temporal Action Localization [57] などが研究されている。また，より挑戦的な課題として，少数の学習データだけが与えられる新規クラスの開始・終了時刻を検出する Few-shot Learning [58] や，未知の行動クラスを検出する Zero-shot Learning [59] も取り組まれている。Temporal Action Localization はアノテーションコストの大きいタスクであるため，このコストを低下させる研究の需要の高さがうかがえる。

(3) Spatiotemporal Scene Graph Generation

前述したタスク以上に複雑な問題を解こうとするタスクが，Spatiotemporal Scene Graph Generation である。画像認識で対応するタスクは Scene Graph Generation であり，これは画像中に含まれる物体のクラスに加えて物体間の関係性を推定する課題である。ここで紹介するタスクは，動画中に含まれる物体のクラスおよび物体間の関係性を推定する。動画版とはいっても，基本的にアノテーションは動画中の各フレームに付与されており，画像のほうの Scene Graph Generation で提案された手法をそのまま Spatiotemporal Scene Graph Generation に適用することも可能である[17]。

動画中の物体間の関係性を推定するというタスク自体は，2017 年頃からいくつかの形で取り組まれていたが [61, 62]，画像での Scene Graph Generation の代表的なデータセットである Visual Genome を提案したチームが 2020 年に Action Genome [60] を提案してから，より認知度が高まったようである。その翌年の 2021 年に提案された，類似のデータセットである Home Action Genome [63] は，ActivityNet Challenge 2021 のゲストタスクとしても採用され，今後これまで以上に活発に研究されていく可能性が高い。

通常 Action Genome，Home Action Genome 両データセットにおいて，動画中には人物が 1 人だけ映っており，その人物と他の物体との間の関係性を推定する課題が与えられる。また，このタスクの実験設定は 3 つある。すなわち，人物・物体の座標とクラスを既知として関係性ラベルのみを推定する Predicate Classification (PREDCLS)，人物・物体の座標のみが既知で物体ラベルと関係性ラベルを推定する Scene Graph Classification (SGCLS)，人物・物体の座標，物体ラベル，関係性ラベルのすべてを推定する Scene Graph Detection (SGDET) である。各実験設定の評価尺度としては，モデルの出力の上位 K 件を見たとき

[17] 実際，このタスクのデータセットである Action Genome を提案した論文 [60] では，最初のトライアルとして画像を対象とした従来手法の結果のみをベンチマークとして載せている。

に正解の何パーセントを正しく推定できたかを示す Recall@K が採用されており，Recall@20 や Recall@50 の性能がよく議論されている。

フレームごとへの適用ではなく，動画を入力として Spatiotemporal Scene Graph Generation を解く手法は，2021 年現在では検討され始めたばかりという状況にあるが，ちょうど本稿を執筆中に開催されていた ICCV2021 では，少なくとも 3 件の関連する研究 [64, 65, 66] が発表されていた。いずれも Transformer を導入した手法であり，直近のトレンドが反映されたアプローチとなっている。もっとも，Transformer の導入は現在のトレンドという側面以外に，物体間の関係性を推定するという問題設定と，各トークン間で相関関係を計算する自己注意という処理を繰り返す Transformer の親和性が高いように見えるという側面もあるかもしれない。

(4) その他の応用タスク

最後に，応用的なタスクのいくつかを簡単に紹介する。近年のコンピュータビジョン分野では，視覚と言語を融合する研究が多く取り組まれており，動画認識においても動画に言語のアノテーションを付与して利用する研究が行われている。たとえば，HowTo100M [67] は，テキストと動画の対応付けを学習するために構築されたデータセットであり，インストラクション動画にナレーションのテキストが付与されている。また，VaTeX [68] は，各動画に英語と中国語のキャプションが付与されており，複数言語での動画キャプショニングを伴うタスクや，動画とテキストを入力として他言語への翻訳を行うタスクを解くためのデータセットである。このような動画と言語に関する研究が進むことで，テキストを入力として動画を検索する技術や，視覚的ではなく意味的に類似した動画を検索する技術などの進展が期待される。Transformer の発展もあり，動画と言語を同様のモデルで表現することが容易になってきたこともあり，両者の融合は今後加速していくだろう。

そのほかにも，自動運転などの交通シーンへの適用を目指した応用タスクも研究されている。たとえば，交通シーンの動画にニアミス（ヒヤリハット）が発生するかどうかをアノテーションしたデータセット [69, 70] を用いて，車載カメラで撮影された動画からニアミスの発生予測を行う研究 [71] が行われている。また，動画中の歩行者の振る舞いを解析し，歩行者に道路を横断する意図があるかどうかを推定したり，歩行者の移動軌跡を予測したりする技術が研究されている [72]。さらに，交差点で車載カメラの死角から車がまもなく飛び出てくるかどうかを，同様に車載カメラが捉えた，先を歩いている歩行者の振る舞いから 3D CNN を用いて予測する研究 [73] など，動画認識の技術を応用して実世界の問題を解決しようと，さまざまな取り組みがなされている。未来の

シーンを高精度に予測する技術は，交通シーンに限らず重要であるが，現状難しい問題であり，今後注目すべきポイントになる。

4 おわりに

本稿では，動画認識の概要と代表的な認識モデル，各種タスクについて説明してきた。本稿を読んだ読者が動画認識に興味をもっていただけるきっかけを提供できていれば幸いである。動画は画像よりもデータ量が大きく，認識の計算処理も重たくなる傾向がある上に，近年深層学習が技術の中心となってからは要求されるマシンスペックも高まり，やや参入しにくいと感じることがあるかもしれない。しかしながら，深層学習ライブラリの普及により実装が容易になっている上に，動画の入出力も torchvision（https://github.com/pytorch/vision）や PyTorchVideo（https://pytorchvideo.org）などで整備されてきている。手前味噌の紹介にはなるが，筆者も 3D CNN を使って基本的な動画認識を行うための 3D-ResNets-PyTorch というリポジトリを GitHub に公開している（https://github.com/kenshohara/3D-ResNets-PyTorch）。このようなものを活用しつつ，まずは最もシンプルな Action Recognition のようなタスクに触れ，その後興味のある複雑なタスクに手を出していくことをお勧めしたい。

参考文献

[1] Ashish Vaswani, Noam Shazeer, Niki Parmar, Jakob Uszkoreit, Llion Jones, Aidan N. Gomez, Łukasz Kaiser, and Illia Polosukhin. Attention is all you need. In *Proceedings of the Advances in Neural Information Processing Systems (NeurIPS)*, Vol. 30, pp. 1–11, 2017.

[2] Karen Simonyan and Andrew Zisserman. Very deep convolutional networks for large-scale image recognition. In *Proceedings of the International Conference on Learning Representations (ICLR)*, pp. 1–14, 2015.

[3] Christian Szegedy, Wei Liu, Yangqing Jia, Pierre Sermanet, Scott Reed, Dragomir Anguelov, Dumitru Erhan, Vincent Vanhoucke, and Andrew Rabinovich. Going deeper with convolutions. In *Proceedings of the IEEE Conference on Computer Vision and Pattern Recognition (CVPR)*, pp. 1–9, 2015.

[4] Kaiming He, Xiangyu Zhang, Shaoqing Ren, and Jian Sun. Deep residual learning for image recognition. In *Proceedings of the IEEE Conference on Computer Vision and Pattern Recognition (CVPR)*, pp. 770–778, 2016.

[5] David G. Lowe. Distinctive image features from scale-invariant keypoints. *International Journal of Computer Vision*, Vol. 60, No. 2, pp. 91–110, 2004.

[6] Ivan Laptev. On space-time interest points. *International Journal of Computer Vision*, Vol. 64, No. 2, pp. 107–123, 2005.

[7] Heng Wang, Alexander Kläser, Cordelia Schmid, and Cheng-Lin Liu. Action recognition by dense trajectories. In *CVPR 2011*, pp. 3169–3176, 2011.

[8] Karen Simonyan and Andrew Zisserman. Two-stream convolutional networks for action recognition in videos. In *Proceedings of the Advances in Neural Information Processing Systems (NIPS)*, pp. 568–576, 2014.

[9] João Carreira and Andrew Zisserman. Quo vadis, action recognition? A new model and the Kinetics dataset. In *Proceedings of the IEEE Conference on Computer Vision and Pattern Recognition (CVPR)*, pp. 4724–4733, 2017.

[10] Gedas Bertasius, Heng Wang, and Lorenzo Torresani. Is space-time attention all you need for video understanding? In *Proceedings of the International Conference on Machine Learning (ICML)*, pp. 813–824, 2021.

[11] Anurag Arnab, Mostafa Dehghani, Georg Heigold, Chen Sun, Mario Lucic, and Cordelia Schmid. ViViT: A video vision transformer. In *Proceedings of the International Conference on Computer Vision (ICCV)*, pp. 6836–6846, 2021.

[12] J. K. Aggarwal and Michael S. Ryoo. Human activity analysis: A review. *ACM Computing Surveys*, Vol. 43, No. 3, 2011.

[13] Limin Wang, Yuanjun Xiong, Zhe Wang, and Yu Qiao. Towards good practices for very deep two-stream convnets. *arXiv preprint, arXiv:1507.02159*, 2015.

[14] Limin Wang, Yu Qiao, and Xiaoou Tang. Action recognition with trajectory-pooled deep-convolutional descriptors. In *Proceedings of the IEEE Conference on Computer Vision and Pattern Recognition (CVPR)*, pp. 4305–4314, 2015.

[15] Zhaofan Qiu, Ting Yao, and Tao Mei. Learning spatio-temporal representation with pseudo-3D residual networks. In *Proceedings of the International Conference on Computer Vision (ICCV)*, 2017.

[16] Du Tran, Heng Wang, Lorenzo Torresani, Jamie Ray, Yann LeCun, and Manohar Paluri. A closer look at spatiotemporal convolutions for action recognition. In *Proceedings of the IEEE Conference on Computer Vision and Pattern Recognition (CVPR)*, pp. 6450–6459, 2018.

[17] Saining Xie, Chen Sun, Jonathan Huang, Zhuowen Tu, and Kevin Murphy. Rethinking spatiotemporal feature learning: Speed-accuracy trade-offs in video classification. In *Proceedings of the European Conference on Computer Vision (ECCV)*, pp. 1–17, 2018.

[18] Christoph Feichtenhofer, Axel Pinz, and Richard Wildes. Spatiotemporal residual networks for video action recognition. In *Proceedings of the Advances in Neural Information Processing Systems (NIPS)*, pp. 3468–3476, 2016.

[19] Christoph Feichtenhofer, Axel Pinz, and Andrew Zisserman. Convolutional two-stream network fusion for video action recognition. In *Proceedings of the IEEE Conference on Computer Vision and Pattern Recognition (CVPR)*, pp. 1933–1941, 2016.

[20] Christoph Feichtenhofer, Axel Pinz, and Richard P. Wildes. Spatiotemporal multiplier networks for video action recognition. In *Proceedings of the IEEE Conference on Computer Vision and Pattern Recognition (CVPR)*, 2017.

[21] Joe Yue-Hei Ng, Matthew Hausknecht, Sudheendra Vijayanarasimhan, Oriol Vinyals, Rajat Monga, and George Toderici. Beyond short snippets: Deep networks for video

classification. In *Proceedings of the IEEE Conference on Computer Vision and Pattern Recognition (CVPR)*, 2015.

[22] Jeffrey Donahue, Lisa Anne Hendricks, Sergio Guadarrama, Marcus Rohrbach, Subhashini Venugopalan, Kate Saenko, and Trevor Darrell. Long-term recurrent convolutional networks for visual recognition and description. In *Proceedings of the IEEE Conference on Computer Vision and Pattern Recognition (CVPR)*, 2015.

[23] Andrej Karpathy, George Toderici, Sanketh Shetty, Thomas Leung, Rahul Sukthankar, and Li Fei-Fei. Large-scale video classification with convolutional neural networks. In *Proceedings of the IEEE Conference on Computer Vision and Pattern Recognition (CVPR)*, pp. 1725–1732, 2014.

[24] Sami Abu-El-Haija, Nisarg Kothari, Joonseok Lee, Paul Natsev, George Toderici, Balakrishnan Varadarajan, and Sudheendra Vijayanarasimhan. YouTube-8M: A large-scale video classification benchmark. *arXiv preprint, arXiv:1609.08675*, 2016.

[25] Kensho Hara. Recent advances in video action recognition with 3D convolutions. *IEICE Transactions on Fundamentals of Electronics, Communications and Computer Sciences*, Vol. E104.A, No. 6, pp. 846–856, 2021.

[26] Du Tran, Lubomir Bourdev, Rob Fergus, Lorenzo Torresani, and Manohar Paluri. Learning spatiotemporal features with 3D convolutional networks. In *Proceedings of the International Conference on Computer Vision (ICCV)*, pp. 4489–4497, 2015.

[27] Gül Varol, Ivan Laptev, and Cordelia Schmid. Long-term temporal convolutions for action recognition. *IEEE Transactions on Pattern Analysis Machine Intelligence*, Vol. 40, No. 6, 2018.

[28] Kensho Hara, Hirokatsu Kataoka, and Yutaka Satoh. Learning spatio-temporal features with 3D residual networks for action recognition. In *Proceedings of the ICCV Workshop on Action, Gesture, and Emotion Recognition*, 2017.

[29] Kensho Hara, Hirokatsu Kataoka, and Yutaka Satoh. Can spatiotemporal 3D CNNs retrace the history of 2D CNNs and ImageNet? In *Proceedings of the IEEE Conference on Computer Vision and Pattern Recognition (CVPR)*, pp. 6546–6555, 2018.

[30] Du Tran, Jamie Ray, Zheng Shou, Shih-Fu Chang, and Manohar Paluri. Convnet architecture search for spatiotemporal feature learning. *arXiv preprint, arXiv:1708.05038*, 2017.

[31] Christoph Feichtenhofer, Haoqi Fan, Jitendra Malik, and Kaiming He. SlowFast networks for video recognition. In *Proceedings of the International Conference on Computer Vision (ICCV)*, pp. 6202–6211, 2019.

[32] Daniel Neimark, Omri Bar, Maya Zohar, and Dotan Asselmann. Video transformer network. *arXiv preprint, arXiv:2102.00719*, 2021.

[33] Gilad Sharir, Asaf Noy, and Lihi Zelnik-Manor. An image is worth 16x16 words, what is a video worth? *arXiv preprint, arXiv:2103.13915*, 2021.

[34] Ze Liu, Jia Ning, Yue Cao, Yixuan Wei, Zheng Zhang, Stephen Lin, and Han Hu. Video Swin Transformer. *arXiv preprint, arXiv:2106.13230*, 2021.

[35] Alexander Kolesnikov, Alexey Dosovitskiy, Dirk Weissenborn, Georg Heigold, Jakob Uszkoreit, Lucas Beyer, Matthias Minderer, Mostafa Dehghani, Neil Houlsby, Syl-

vain Gelly, Thomas Unterthiner, and Xiaohua Zhai. An image is worth 16x16 words: Transformers for image recognition at scale. In *Proceedings of the International Conference on Learning Representations (ICLR)*, 2021.

[36] Xiaolong Wang, Ross Girshick, Abhinav Gupta, and Kaiming He. Non-local neural networks. In *Proceedings of the IEEE Conference on Computer Vision and Pattern Recognition (CVPR)*, pp. 7794–7803, 2018.

[37] Hilde Kuehne, Hueihan Jhuang, Estibaliz Garrote, Tomaso A. Poggio, and Thomas Serre. HMDB: A large video database for human motion recognition. In *Proceedings of the International Conference on Computer Vision (ICCV)*, pp. 2556–2563, 2011.

[38] Khurram Soomro, Amir Roshan Zamir, and Mubarak Shah. UCF101: A dataset of 101 human action classes from videos in the wild. CRCV-TR-12-01, 2012.

[39] Will Kay, João Carreira, Karen Simonyan, Brian Zhang, Chloe Hillier, Sudheendra Vijayanarasimhan, Fabio Viola, Tim Green, Trevor Back, Paul Natsev, Mustafa Suleyman, and Andrew Zisserman. The Kinetics human action video dataset. *arXiv preprint, arXiv:1705.06950*, 2017.

[40] João Carreira, Eric Noland, Andras Banki-Horvath, Chloe Hillier, and Andrew Zisserman. A short note about Kinetics-600. *arXiv preprint, arXiv:1808.01340*, 2018.

[41] João Carreira, Eric Noland, Chloe Hillier, and Andrew Zisserman. A short note on the Kinetics-700 human action dataset. *arXiv preprint, arXiv:1907.06987*, 2019.

[42] Dian Shao, Yue Zhao, Bo Dai, and Dahua Lin. Finegym: A hierarchical video dataset for fine-grained action understanding. In *Proceedings of the IEEE Conference on Computer Vision and Pattern Recognition (CVPR)*, pp. 2616–2625, 2020.

[43] Dian Shao, Yue Zhao, Bo Dai, and Dahua Lin. Intra- and inter-action understanding via temporal action parsing. In *Proceedings of the IEEE/CVF Conference on Computer Vision and Pattern Recognition (CVPR)*, pp. 730–739, 2020.

[44] Abhinanda R. Punnakkal, Arjun Chandrasekaran, Nikos Athanasiou, Alejandra Quiros-Ramirez, and Michael J. Black. Babel: Bodies, action and behavior with English labels. In *Proceedings of the IEEE/CVF Conference on Computer Vision and Pattern Recognition (CVPR)*, pp. 722–731, 2021.

[45] Chao-Yuan Wu and Philipp Krahenbuhl. Towards long-form video understanding. In *Proceedings of the IEEE/CVF Conference on Computer Vision and Pattern Recognition (CVPR)*, pp. 1884–1894, 2021.

[46] Jiaming Zhou, Kun-Yu Lin, Haoxin Li, and Wei-Shi Zheng. Graph-based high-order relation modeling for long-term action recognition. In *Proceedings of the IEEE/CVF Conference on Computer Vision and Pattern Recognition (CVPR)*, pp. 8984–8993, 2021.

[47] Xin Liu, Silvia L. Pintea, Fatemeh Karimi Nejadasl, Olaf Booij, and Jan C. van Gemert. No frame left behind: Full video action recognition. In *Proceedings of the IEEE/CVF Conference on Computer Vision and Pattern Recognition (CVPR)*, pp. 14892–14901, 2021.

[48] Xudong Guo, Xun Guo, and Yan Lu. SSAN: Separable self-attention network for video representation learning. In *Proceedings of the IEEE/CVF Conference on Computer Vision and Pattern Recognition (CVPR)*, pp. 12618–12627, 2021.

[49] Christoph Feichtenhofer. X3D: Expanding architectures for efficient video recogni-

tion. In *Proceedings of the IEEE Conference on Computer Vision and Pattern Recognition (CVPR)*, pp. 203–213, 2020.

[50] Mateusz Malinowski, Dimitrios Vytiniotis, Grzegorz Swirszcz, Viorica Patraucean, and Joao Carreira. Gradient forward-propagation for large-scale temporal video modelling. In *Proceedings of the IEEE/CVF Conference on Computer Vision and Pattern Recognition (CVPR)*, pp. 9249–9259, 2021.

[51] Limin Wang, Zhan Tong, Bin Ji, and Gangshan Wu. TDN: Temporal difference networks for efficient action recognition. In *Proceedings of the IEEE/CVF Conference on Computer Vision and Pattern Recognition (CVPR)*, pp. 1895–1904, 2021.

[52] Haroon Idrees, Amir R. Zamir, Yu-Gang Jiang, Alex Gorban, Ivan Laptev, Rahul Sukthankar, and Mubarak Shah. The THUMOS challenge on action recognition for videos "in the wild". *Computer Vision and Image Understanding*, Vol. 155, pp. 1–23, 2017.

[53] Fabian Caba Heilbron, Victor Escorcia, Bernard Ghanem, and Juan Carlos Niebles. ActivityNet: A large-scale video benchmark for human activity understanding. In *Proceedings of the IEEE Conference on Computer Vision and Pattern Recognition (CVPR)*, pp. 961–970, 2015.

[54] Wang Luo, Tianzhu Zhang, Wenfei Yang, Jingen Liu, Tao Mei, Feng Wu, and Yongdong Zhang. Action unit memory network for weakly supervised temporal action localization. In *Proceedings of the IEEE/CVF Conference on Computer Vision and Pattern Recognition (CVPR)*, pp. 9969–9979, 2021.

[55] Can Zhang, Meng Cao, Dongming Yang, Jie Chen, and Yuexian Zou. CoLA: Weakly-supervised temporal action localization with snippet contrastive learning. In *Proceedings of the IEEE/CVF Conference on Computer Vision and Pattern Recognition (CVPR)*, pp. 16010–16019, 2021.

[56] Wenfei Yang, Tianzhu Zhang, Xiaoyuan Yu, Tian Qi, Yongdong Zhang, and Feng Wu. Uncertainty guided collaborative training for weakly supervised temporal action detection. In *Proceedings of the IEEE/CVF Conference on Computer Vision and Pattern Recognition (CVPR)*, pp. 53–63, 2021.

[57] Xiang Wang, Shiwei Zhang, Zhiwu Qing, Yuanjie Shao, Changxin Gao, and Nong Sang. Self-supervised learning for semi-supervised temporal action proposal. In *Proceedings of the IEEE/CVF Conference on Computer Vision and Pattern Recognition (CVPR)*, pp. 1905–1914, 2021.

[58] Da Zhang, Xiyang Dai, and Yuan-Fang Wang. Metal: Minimum effort temporal activity localization in untrimmed videos. In *Proceedings of the IEEE/CVF Conference on Computer Vision and Pattern Recognition (CVPR)*, pp. 3882–3892, 2020.

[59] Lingling Zhang, Xiaojun Chang, Jun Liu, Minnan Luo, Sen Wang, Zongyuan Ge, and Alexander Hauptmann. ZSTAD: Zero-shot temporal activity detection. In *Proceedings of the IEEE/CVF Conference on Computer Vision and Pattern Recognition (CVPR)*, pp. 879–888, 2020.

[60] Jingwei Ji, Ranjay Krishna, Li Fei-Fei, and Juan Carlos Niebles. Action genome: Actions as compositions of spatio-temporal scene graphs. In *Proceedings of the IEEE*

Conference on Computer Vision and Pattern Recognition (CVPR), pp. 10236–10247, 2020.

[61] Xindi Shang, Tongwei Ren, Jingfan Guo, Hanwang Zhang, and Tat-Seng Chua. Video visual relation detection. In Proceedings of the ACM International Conference on Multimedia, 2017.

[62] Tao Zhuo, Zhiyong Cheng, Peng Zhang, Yongkang Wong, and Mohan Kankanhalli. Explainable video action reasoning via prior knowledge and state transitions. In Proceedings of the ACM International Conference on Multimedia, 2019.

[63] Nishant Rai, Haofeng Chen, Jingwei Ji, Rishi Desai, Kazuki Kozuka, Shun Ishizaka, Ehsan Adeli, and Juan Carlos Niebles. Home action genome: Cooperative compositional action understanding. In Proceedings of the IEEE/CVF Conference on Computer Vision and Pattern Recognition (CVPR), pp. 11184–11193, June 2021.

[64] Jingwei Ji, Rishi Desai, and Juan Carlos Niebles. Detecting human-object relationships in videos. In Proceedings of the IEEE/CVF International Conference on Computer Vision (ICCV), pp. 8106–8116, 2021.

[65] Yuren Cong, Wentong Liao, Hanno Ackermann, Bodo Rosenhahn, and Michael Ying Yang. Spatial-temporal transformer for dynamic scene graph generation. In Proceedings of the IEEE/CVF International Conference on Computer Vision (ICCV), pp. 16372–16382, 2021.

[66] Yao Teng, Limin Wang, Zhifeng Li, and Gangshan Wu. Target adaptive context aggregation for video scene graph generation. In Proceedings of the IEEE/CVF International Conference on Computer Vision (ICCV), pp. 13688–13697, 2021.

[67] Antoine Miech, Dimitri Zhukov, Jean-Baptiste Alayrac, Makarand Tapaswi, Ivan Laptev, and Josef Sivic. HowTo100M: Learning a text-video embedding by watching hundred million narrated video clips. In Proceedings of the International Conference on Computer Vision (ICCV), pp. 2630–2640, 2019.

[68] Xin Wang, Jiawei Wu, Junkun Chen, Lei Li, Yuan-Fang Wang, and William Y. Wang. VaTeX: A large-scale, high-quality multilingual dataset for video-and-language research. In Proceedings of the IEEE/CVF International Conference on Computer Vision (ICCV), pp. 4581–4591, 2019.

[69] Fu-Hsiang Chan, Yu-Ting Chen, Yu Xiang, and Min Sun. Anticipating accidents in dashcam videos. In Proceedings of the Asian Conference on Computer Vision (ACCV), pp. 136–153, 2017.

[70] Hirokatsu Kataoka, Teppei Suzuki, Shoko Oikawa, Yasuhiro Matsui, and Yutaka Satoh. Drive video analysis for the detection of traffic near-miss incidents. In Proceedings of the IEEE International Conference on Robotics and Automation (ICRA), pp. 3421–3428, 2018.

[71] Tomoyuki Suzuki, Hirokatsu Kataoka, Yoshimitsu Aoki, and Yutaka Satoh. Anticipating traffic accidents with adaptive loss and large-scale incident DB. In Proceedings of the IEEE Conference on Computer Vision and Pattern Recognition (CVPR), pp. 3521–3529, 2018.

[72] Amir Rasouli, Iuliia Kotseruba, Toni Kunic, and John Tsotsos. PIE: A large-scale dataset and models for pedestrian intention estimation and trajectory prediction. In

Proceedings of the IEEE/CVF International Conference on Computer Vision (ICCV), pp. 6261–6270, 2019.

[73] Kensho Hara, Hirokatsu Kataoka, Masaki Inaba, Kenichi Narioka, Ryusuke Hotta, and Yutaka Satoh. Predicting appearance of vehicles from blind spots based on pedestrian behaviors at crossroads. *IEEE Transactions on Intelligent Transportation Systems*, pp. 1–13, 2021.

はら けんしょう（産業技術総合研究所）

フカヨミ 超解像 分野の最前線にズームイン!!

■内田奏

1 はじめに

　画像解像度は撮像デバイス・処理系によってさまざまであり，それらを表示するデバイスの解像度も一定でない。画像と表示デバイスの解像度が異なる場合，画像解像度を変更するのが一般的である。このような画像解像度の変更操作を，画像スケーリング（image scaling）という。画像スケーリングうち，画像のシャープさを保ったまま拡大する問題は超解像（super-resolution; SR）の名で知られ，低レベルなコンピュータビジョンの問題として長く研究されている。近年では，他の画像認識・生成タスクの例に漏れず，畳み込みニューラルネットワーク（convolutional neural network; CNN）による手法が目覚ましい成果を挙げている。本稿では，単一の画像を入力とする単眼超解像（single image SR; SISR）にフォーカスし，基本的な問題設定から分野の発展について説明し，最新の研究動向についてフカヨミする。

2 超解像とは

　超解像は，入力信号の解像度を高めて出力する技術の総称であり，音声・画像をはじめとする信号処理分野でよく登場する。画像ドメインでいえば，低解像度（low resolution; LR）画像をモデルに入力し，拡大された超解像（SR）画像を得る問題である。本節では，超解像を機械学習の問題に落とし込むための数学的な定式化および評価指標について述べる。

2.1 定式化

　超解像は，デノイジング（denoising）やインペインティング（inpainting）と同様に，画像復元（image restoration; IR）問題の一種として定式化される。概略を図 1 に示す。画像復元問題では，観測される LR 画像 $I^{LR} \in \mathbb{R}^{H \times W \times C}$ は，真の高解像度（high resolution; HR）画像 $I^{HR} \in \mathbb{R}^{rH \times rW \times C}$ が何らかの劣化モデル $\mathcal{D}$ を通して生成されたと仮定する。すなわち I^{LR} と I^{HR} は次の関係を満たす。

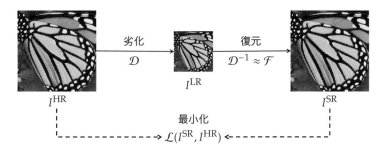

図 1　画像復元としての超解像（画像は Set5 [1] "Butterfly"）

$$I^{\mathrm{LR}} = \mathcal{D}(I^{\mathrm{HR}}) \tag{1}$$

ここで，H, W, C は LR 画像の高さ，幅，チャネル数を表し，r は拡大倍率を表す。$\mathcal{D}$ の逆変換 $\mathcal{D}^{-1}$ は I^{HR} を完全に復元するが，$\mathcal{D}^{-1}$ を解析的に得ることは難しいため，復元モデル $\mathcal{F}$ によって近似する。$\mathcal{F}$ は I^{LR} を入力として I^{HR} に近い SR 画像 $I^{\mathrm{SR}} \in \mathbb{R}^{rH \times rW \times C}$ を出力する。

$$I^{\mathrm{SR}} = \mathcal{F}(I^{\mathrm{LR}}; \theta) \tag{2}$$

ここで，θ は $\mathcal{F}$ のパラメータである。したがって，画像復元問題は，I^{SR} と I^{HR} の距離を与える目的関数 $\mathcal{L}$ を最小化し，$\mathcal{F}$ の最適なパラメータ θ' を求める問題に帰着できる。

$$\theta' = \arg \min_{\theta} \mathcal{L}(\mathcal{F}(I^{\mathrm{LR}}; \theta), I^{\mathrm{HR}}) \tag{3}$$

2.2　評価指標

超解像モデルの評価指標は大きく 2 つの方向性に分かれており，一方は画素レベルの近さを測る評価指標であり，他方は人の目に自然に映るかを測る評価指標である。本項では，それぞれの代表的な指標をいくつか紹介する。

(1) 画素ベース評価指標

画素ベース評価指標は，正解となる HR 画像が得られる前提で，HR 画像と SR 画像の近さを画素レベルで測る指標である。代表的なものには，次式の PSNR（peak signal to noise ratio）や SSIM（structural similarity）[2] がある。

$$\mathrm{PSNR}(x, y) = 10 \cdot \log_{10} \frac{\mathrm{MAX}_I^2}{\frac{1}{N} \sum_i (x_i - y_i)^2} \tag{4}$$

$$\mathrm{SSIM}(x, y) = \frac{(2\mu_x \mu_y + C_1)(2\sigma_{xy} + C_2)}{(\mu_x^2 + \mu_y^2 + C_1)(\sigma_x^2 + \sigma_y^2 + C_2)} \tag{5}$$

ここで，MAX_I は輝度の最大値，N は x, y の画素数，μ_x, μ_y は輝度値の平均，σ_x, σ_y は分散，σ_{xy} は共分散を表す。PSNR は，ダイナミックレンジで正規化した画素間の距離の対数をとった指標であり，そのシンプルさからよく用いられるが，全体的な画素値のシフトと局所的な構造変化を弁別できない。SSIM は，PSNR の短所を解決するべく，周辺画素の平均・分散・共分散を考慮することで局所的な構造変化を捉えるように設計されている。ただし，PSNR と SSIM は互いに強く相関することが知られており [3]，SR モデルを比較する上では，どちらも同じような結果が得られる。このことから，画素ベース評価指標を最適化する場合，式 (4) の分母が MSE（mean squared error）そのものであることに着目し，誤差関数を MSE や MAE（mean absolute error）とするのが定石である。

(2) 知覚的評価指標

知覚的評価指標は，人間が見たときの画像の自然さを測る指標であり，HR 画像が得られる前提のものから，SR 画像単体での評価，人間による画質評価まで存在する。まず，PSNR/SSIM と同様に，HR 画像との比較によって画像の自然さを評価する指標に LPIPS（learned perceptual image patch similarity）[4] がある。LPIPS は，画像パッチの類似性に関する人間の判断を学習した CNN の中間特徴を比較することで，知覚的な距離尺度として機能する。SR 画像単体での評価には，NIQE（natural image quality evaluator）[6] や BRISQUE（blind/referenceless image spatial quality evaluator）[5] といった指標が用いられる。これらは自然画像の統計量を学習などを通して事前に獲得しておき，入力画像がそこからどれだけ乖離しているかを測る。最後に，人間による画質評価には，MOS（mean opinion score）がよく用いられる [7]。MOS は，被験者に対してランダムに画像を提示し，それらを 5 段階で評価させ，その評点の算術平均をとったスコアである。

3 超解像分野の発展

3.1 深層学習以前の超解像

超解像は，低レベルなコンピュータビジョンの問題として長く研究されている [8]。学習ベースの手法では，スパースコーディングをはじめ，辞書学習ベースの手法が主流であった [9]。これらの手法は，まず高解像度画像空間で HR パッチの基底を学習し，HR 基底を縮小して LR 基底を得る。推論時は，入力パッチを LR 基底によって表現し，対応する HR 基底の線形結合によって画像を再構成する。近年の主流からは外れるものの，他の画像や特徴を参照し，それらを

貼り合わせる考え方は，参照ベース超解像（reference-based SR; RefSR）[1] にも受け継がれており，有用性が高い。

3.2 深層学習の導入

2010 年代初頭，ILSVRC（ImageNet Large Scale Visual Recognition Challenge）[12] において，CNN が他の手法に大差をつけて優勝したのを皮切りに，さまざまなコンピュータビジョンタスクへの CNN の導入が進んだ。超解像も例に漏れず，2014 年に Dong らが，CNN を応用した手法である SRCNN [13] を発表した。SRCNN は 3 層の畳み込み層で構成されたモデルであるが，辞書ベースの手法を踏襲した手法でもあり，各層は入力から近い順に LR 空間での表現，LR-HR 空間の対応付け，HR パッチの再構成に相当すると説明されている。

3.3 基本的なテクニックの提案

SRCNN の登場により CNN の有効性が示されたことから，辞書ベースの手法を踏襲する流れよりも，CNN を超解像タスク向けにカスタマイズする研究が主流となった。Kim らが提案した VDSR [14] は，入出力に近い部分を接続する残差学習（residual learning）を導入して学習を安定化し，深層モデルの学習を可能にした。Dong らが提案した FSRCNN [15] は，SRCNN/VDSR が

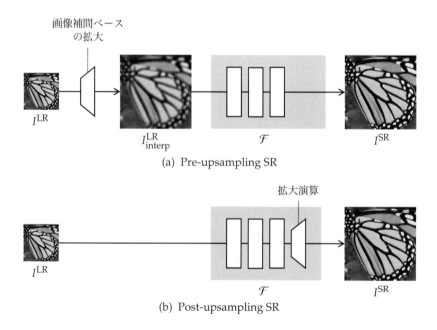

(a) Pre-upsampling SR

(b) Post-upsampling SR

図 2　Pre-upsampling SR と Post-upsampling SR の比較

入力画像を画像補間で出力サイズに合わせていたのとは対照的に，低解像度の
まま特徴抽出した後に拡大することで無駄な計算を省き，推論を高速化した。
前者は Pre-upsampling SR，後者は Post-upsampling SR と呼ばれる[2]。両者
の比較を図 2 に示す。Post-upsampling SR では CNN 内部で拡大処理を行う
必要があるが，FSRCNN では逆畳み込み（deconvolution）を採用していた。
逆畳み込みは，出力画像に位置によって関与する入力画素数に差が生まれ，市
松模様状の Checkerboard アーティファクトが出現する [16]。Shi らが提案し
た ESPCN [17] は，畳み込みによってチャネル方向に r^2 個のサブピクセルを生
成し，それらを再配置して空間解像度を上げる Sub-pixel Convolution（図 3）
を導入し，Checkerboard アーティファクトの低減に成功した[3]。このように，
2015 年から 2016 年ごろにかけて，超解像を解く上で重要なテクニックが数多
く提案された。

[2] Post-upsampling SR は特徴抽出の効率が良く，比較的高性能であるが，拡大倍率が整数値になるなどの制約がある。Pre-upsampling SR は任意サイズへの拡大が可能であり，Blind SR (4.1 項) などで利用される傾向にある。

[3] 文献 [16] によると，Sub-pixel Convolution より最近傍補間＋畳み込みのほうがアーティファクトが出現しにくいが，処理速度に課題があるとされている。

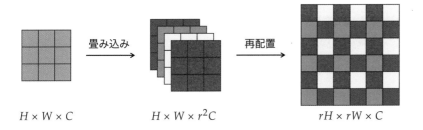

$H \times W \times C$ $H \times W \times r^2 C$ $rH \times rW \times C$

図 3　Sub-pixel Convolution の例

3.4　ネットワーク構造の探索

2017 年，CVPR（Conference on Computer Vision and Pattern Recognition）
併設の画像復元系ワークショップである NTIRE（New Trends in Image Restoration and Enhancement）において，超解像の精度を競うコンペティションが開
催された [18]。以降，同様のコンペティションは例年開催されており，ベンチ
マークの確立という側面で大きな意味をもっている。このころから ResNet [19]
の Building Block を応用した SRResNet [7]，DenseNet [20] の Dense Connection を導入した RDN [21]，SENet [22] の Channel Attention を導入した
RCAN [23] など，画像認識分野の成果を素早く取り入れたモデルが次々に提案
された。

3.5　GAN と知覚的品質

近年，GAN（generative adversarial network; 敵対的生成ネットワーク）[24] を
用いた画像生成モデルが注目を集めている。GAN は，画像を生成する Generator

と，Generator の出力とデータセットからサンプルしたデータとを見分ける Discriminator から構成され，これらを交互に最適化することで，データ分布に対する高い近似能力を示す。

超解像分野では，Ledig らが GAN を応用したモデルである SRGAN [7] を提案した。SRGAN は，SRResNet と共通のネットワーク構造をもっており，損失関数を MSE から GAN の敵対的損失と VGG [25] の中間特徴を比較する損失に置き換えて学習する。この工夫により，図 4 に示すように，SRResNet よりテクスチャの高周波成分を自然に復元できるようになり，MOS スコアも大きく改善した。

GAN の導入により知覚的品質が向上した反面，PSNR/SSIM の数値は SRResNet より悪化する現象が見られた。この現象に対し，Blau らは知覚的な品質（Perception）と画素間距離（Distortion）にはトレードオフが存在することを理論的・実験的に証明した [26]。また，Perception と Distortion の最適なバランスは応用依存[4]であるとし，画素ベースの損失 $\mathcal{L}_{\mathrm{distortion}}$ と敵対的損失 $\mathcal{L}_{\mathrm{adv}}$ によって構成された損失関数 $\mathcal{L}$ のうち，$\mathcal{L}_{\mathrm{adv}}$ の係数 λ を操作することで，バランスを調整できることを示した。

$$\mathcal{L} = \mathcal{L}_{\mathrm{distortion}} + \lambda \mathcal{L}_{\mathrm{adv}} \tag{6}$$

実際のところ，式 (6) を調整しながら学習を繰り返すことは高コストであるため，構造が共通する学習済み重みの線形和をとることで出力画像のスタイルを調整する DNI（deep network interpolation）[27] の枠組みを用いて，事後的に Perception と Distortion のバランスを調整するモデルも提案されており，良い性能を示すことが確認されている [28]。

[4] たとえば，鑑賞用のフォトアルバムであれば Perception 志向，医療用画像であれば Distortion 志向のモデルが望ましいと考えられる。

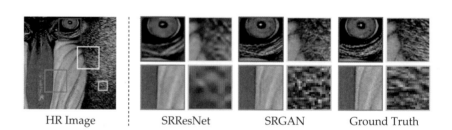

HR Image　　　　SRResNet　　　　SRGAN　　　　Ground Truth

図 4　SRResNet と SRGAN の結果比較（文献 [7] の図 6 を編集）

4 超解像研究の現在

　ここまで超解像の問題設定，評価指標，分野の発展について述べてきた。本節では，2019 年ごろから現在までに精力的に研究されている 2 つの領域について解説する。どちらも 2.1 項で述べた問題設定における本質的な問題に対してアプローチしている。

4.1 Blind SR

　超解像の問題設定は，$\mathcal{D}$ の取り扱いによって大きく 2 つに分けることができる。一方は，$\mathcal{D}$ を Bicubic 縮小などの既知の演算とする設定であり，これをNon-blind SR という。Non-blind SR では，HR 画像から LR 画像を一意に生成でき，自己教師あり学習の枠組みで解くことができる。3 節で紹介したモデルのほとんどは Non-blind SR に分類される。他方，$\mathcal{D}$ が未知である，もしくは次式の古典的な劣化モデルの要素が一定の範囲で変動すると仮定して解く設定を Blind SR という。

$$\mathcal{D}(I^{\mathrm{HR}}) = (I^{\mathrm{HR}} \otimes k) \downarrow_s + n \tag{7}$$

ここで，$I^{\mathrm{HR}} \otimes k$ はブラーカーネル k による畳み込み，$\downarrow_s$ は倍率 s のダウンサンプル，n はガウシアンノイズである。工場の生産ラインなど，撮影条件を厳密に固定できる特殊な環境を除き，実環境における超解像はほぼ Blind SR に分類されるため，実世界超解像（real-world SR）とも呼ばれる。本項では，Blind SR を解く上で重要なアプローチを，Blind SR のサーベイ論文 [29] に沿っていくつか紹介する。本来図を交えて説明すべき部分であるが，紙面の都合上，図解は論文 [29] に譲ることとする。

(1) Explicit Modeling：カーネル・ノイズレベル推定との組み合わせ

　Explicit Modeling は，式 (7) の劣化モデルに合わせ，カーネル・ノイズレベルの推定値を LR 画像とともに入力し，SR 画像を出力するアプローチである。これにより，画像に適用されている劣化を認識した状態での推論が可能となる。
　Zhang らが提案した SRMD（super-resolution network for multiple degradations）[30] では，入力されたカーネル・ノイズレベルをベクトルに埋め込み，空間方向に拡張した埋め込みマップを入力画像に結合して推論する。SRMD はカーネル・ノイズレベルを所与としているため，それらの推定がうまくいかない場合，過度にぼやけた，もしくはエッジを強調した画像を出力するという問題点がある。これに対し，IKC（iterative kernel correction）[31] は，内部にカーネルを補正するネットワークを組み込み，反復的に補正を繰り返すことで，推

定値と画像に適用されているカーネルの差を埋め，同時に出力画像の品質も向上させていく。

　Explicit Modeling の長所は，古典的な劣化モデルを仮定することで，カーネル・ノイズレベルといった確立した表現によって従来手法の知識を性能向上のために活用できる点である。加えて，劣化モデルのシンプルさから，カーネル・ノイズレベルと出力画像を可視化することで，モデルの挙動を比較的容易に解釈できる。その反面，劣化が式 (7) のスコープを外れると，途端に性能は低下する。また，IKC のようにカーネル補正を内包するモデルを用いても，前段タスクであるカーネル・ノイズレベル推定の精度に品質が強く依存するという本質的な課題は残されたままである。

(2) Implicit Modeling：ドメイン適応と劣化モデル同時学習

　Implicit Modeling は，Explicit Modeling とは異なり，劣化モデルを数式として仮定しないアプローチである。劣化モデルを仮定しないため，事前に LR-HR 画像ペアを用意せず，互いに対応関係のない LR 画像と HR 画像を用いて学習する。このとき，LR 画像はノイズを含む Noisy なドメイン，HR 画像はノイズを含まない Clean なドメインとすることが多い。

　Yuan らが提案した CinCGAN（cycle-in-cycle GAN）[32] は，BlindSR をドメイン適応の問題に読み替え，Noisy LR を Clean なドメインに変換してから，Non-blind SR によって SR 画像を得る方法である。CinCGAN は，Noisy LR ↔ Clean LR および Noisy LR ↔ SR の 2 段階で Cycle-Consistency[5] をもつように制約をかけ，GAN の Discriminator は変換によって得られた LR/SR 画像と真に Clean な LR/HR 画像セットを見分けるように学習する。CinCGAN の学習は，低解像度における一貫性と敵対的損失が中心であり，肝心の SR 画像に対して直接教師信号を付与できていない。Bulat らは，Clean HR から劣化モデルに相当する CNN によって LR 画像を生成し，SR モデルによって元の画像を復元する DegradationGAN [33] を提案した。これにより，自己符号化器のように自身の入力を教師信号として SR モデルを学習できる。また，生成した LR 画像と Noisy LR を Discriminator によって見分けることで，リアルな劣化モデルを学習しようとする。

　Implicit Modeling は，CNN がデータ分布から劣化を適応的に学習する性質上，Explicit Modeling に比べてリッチな劣化モデルを獲得できるため，スコープの問題を解決できる。しかしながら，十分に劣化モデルを学習するには大量の外部データが必要であり，特定タスクへの応用に向かない。また，基本的にCinCGAN のようにドメインごとに GAN の損失を計算して学習を進めるため，学習の安定性に関する課題もある。

[5] A → B というドメイン変換を学習する際，B → A という変換も同時に学習させ，元の画像が復元できること。

(3) Internal Statistics：画像内部統計量の利用

Internal Statistics は，自然画像には類似したパターンが複数スケールで映り込んでいるという仮説[6]に基づき，画像の内部情報のみを用いてモデルを学習するアプローチである。これまでに紹介した，大規模データセットから1つのモデルを学習する方法とは異なり，1枚の画像に対して1つのモデルを学習する。

[6] Patch-recurrence と呼ばれる。

Shocher らが提案した ZSSR（zero-shot super-resolution）[34] は，テスト画像からサンプルしたパッチを縮小することで LR-HR 画像ペアを作成し，教師あり学習としてモデルを構築する。なお，縮小に用いるカーネルは外部アルゴリズムで推定したものである。ZSSR は，劣化が未知な状態において，簡単な劣化で学習した Non-blind SR モデルよりも高性能であると報告された。Bell-Kligler らが提案した KernelGAN [35] は，ZSSR と同様に内部情報のみを用いてカーネルを推定する。KernelGAN の Generator は画像を縮小する変換を学習し，Discriminator はテスト画像からサンプルしたパッチと Generator の出力を見分ける。このとき，Generator を非線形な活性化関数を含まない Linear Generator とすることで，学習済みモデルを1枚のカーネルに変換することができる。これにより，KernelGAN の結果を ZSSR に容易に組み込むことができ，1枚画像からの学習を完全に可能にしている。

Internal Statistics の長所は，データセットを必要とせず，テスト画像の劣化に適応したモデルを構築できる点である。一方で，自然画像には Patch-recurrence が成り立たない画像も多く，利用できる場合が限られる上，外部データを利用できる設定では Explicit Modeling や Implicit Modeling に性能面で及ばない。また，テスト時に毎回学習が実行される点で，速度・性能の安定性や収束判定などにも課題がある。

本項で紹介した Blind SR に対する3つのアプローチは，実のところ互いに排他的ではない。具体的には，Internal Statistics の手法群はカーネルによって LR-HR ペアを作成することから，Explicit Modeling に区分されることがある。これらのアプローチを，縦軸を学習データ量，横軸を数式による仮定の有無として区分すると，図5のようになる。図で赤くハイライトされているように，1枚画像で Implicit Modeling を行う手法は，2021年10月の執筆時点でも確認できておらず，リサーチギャップとなっている。文献 [29] では，その組み合わせには劣化モデリングおよび超解像を行う上での事前情報が不足しているとし，解決する1つの手段として，人間を介在させて参照画像や劣化モデルのヒントを提供することで，事前情報を補う方向性を示唆している。

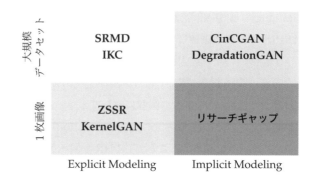

図 5　各 Blind SR 研究の位置付け（文献 [29] を参考に筆者が作成）

4.2　超解像空間の学習

　超解像では，HR 画像が劣化モデルを通して縮小されて LR 画像が生成されたと仮定する。画像縮小は，固定のアルゴリズムを用いたとしても，複数の HR 画像から同一の LR 画像が生成されうる many-to-1 な変換である（図 6）。超解像の目的が画像縮小の逆変換を求めることであると考えると，入力の LR 画像に対して HR 画像は複数存在すると仮定し，1-to-many な変換を学習するのが妥当である。このように，1 つの入力に対して妥当な解が無数に存在するような問題を，不良設定問題（ill-posed problem）という。従来の超解像モデルは，LR 画像に対してただ 1 つの HR 画像を出力する 1-to-1 な変換を学習しており，不良設定問題に対してうまくアプローチできていなかった。

　不良設定問題に対するアプローチとして考えられるのが，妥当な解空間（超解像空間）を学習する方法である。超解像空間の学習では，1 つの LR 画像に対して複数の SR 画像を出力できるモデルを構築し，SR 画像のバリエーションを確率分布からサンプルした乱数によってコントロールできるように，適切な

図 6　many-to-1 な縮小の例（文献 [36] から引用）

SRFlow

入力：
LR 画像

出力：SR 画像の分布

図 7　SRFlow の結果（文献 [38] の図 1 を編集）

潜在空間を学習する必要がある。Lugmayr らは，可逆なネットワーク[7]を用いて潜在空間を学習する Flow [37] をベースとした SRFlow [38] を提案している。SRFlow の結果を図 7 に示す。Xiao らは，拡大・縮小のプロセスを可逆なネットワークによってモデリングした IRN（invertible rescaling network）[39] を提案した。IRN は，低周波成分と高周波成分を明示的に分離して学習する上，高周波成分を潜在空間からサンプルできるように学習することで，出力に多様性を与えている。このように，出力の多様性を学習できる点，劣化・復元の関係性を再現できる点で，可逆なモデルは画像復元の問題設定と相性が良く，今後も発展が期待される。

　加えて，超解像空間の学習が重要となる方向性として筆者が考えるものに，超解像モデルの公平性（fairness）がある。近年，高倍率な超解像モデル [40] によって鮮明な画像を出力することが可能になったが，高倍率になるほどデータセットのバイアスに出力が強く影響され，実際に公平性の問題が発生した事例もある。公平性の問題は，往々にして多様性の不足に起因しているため，超解像空間についての理解を深め，多様性の過不足を評価しながらモデルを構築することが重要であると，筆者は考えている。

5　おわりに

　本稿では，超解像の問題設定，分野の発展，最近の動向についてまとめ，一部筆者の意見も述べた。Blind SR の研究動向からわかるように，超解像分野全体の流れとして，実環境での応用に向けた動きが加速している。紙面の都合で紹介できなかったが，特定タスクへの応用やモデルの軽量化なども，粛々と研究が進んでいる[8]。応用先は今後も増えていくことが予想され，読者の誰かがそこにアサインされるかもしれない。その際にはぜひ一度立ち止まり，4 節で紹

[7] $x = f(z)$ としたとき，z を $z = f^{-1}(x)$ として直接求められるネットワークのこと。

[8] 手前味噌ながら，筆者も文字認識精度の復元に超解像を応用するプロジェクトに携わったことがある。

介した動向のように，本来の問題設定に立ち返ることで，より本質的な部分に取り組む視点をもってほしい。その視点をもつには，分野の背景知識が一定以上必要であり，本稿がその参考になれば幸いである。

参考文献

[1] M. Bevilacqua, A. Roumy, C. Guillemot, and M. L. Alberi-Morel, "Low-complexity single-image super-resolution based on nonnegative neighbor embedding," In BMVC, pp. 135.1–135.10, 2012.

[2] Z. Wang, A. C. Bovik, H. R. Sheikh, and E. P. Simoncelli, "Image quality assessment: From error visibility to structural similarity," IEEE Trans. Image Process., vol. 13, no. 4, pp. 600–612, Apr. 2004.

[3] A. Horé and D. Ziou, "Image quality metrics: PSNR vs. SSIM," In ICPR, pp. 2366–2369, 2010.

[4] R. Zhang, P. Isola, A. A. Efros, E. Shechtman, and O. Wang, "The unreasonable effectiveness of deep features as a perceptual metric," In CVPR, pp. 586–595, 2018.

[5] A. Mittal, A. K. Moorthy, and A. C. Bovik, "No-reference image quality assessment in the spatial domain," IEEE Trans. Image Process., vol. 21, no. 12, pp. 4695–4708, Dec. 2012.

[6] A. Mittal, R. Soundararajan, and A. C. Bovik, "Making a 'completely blind' image quality analyzer," IEEE Signal Process. Lett., vol. 20, no. 3, pp. 209–212, Mar. 2013.

[7] C. Ledig et al., "Photo-realistic single image super-resolution using a generative adversarial network," In CVPR, pp. 4681–4690, 2017.

[8] W. T. Freeman, E. C. Pasztor, and O. T. Carmichael, "Learning low-level vision," Int. J. Comput. Vis., vol. 40, no. 1, pp. 25–47, Oct. 2000.

[9] R. Timofte, V. De Smet, and L. Van Gool, "A+: Adjusted anchored neighborhood regression for fast super-resolution," In ACCV, pp. 111–126, 2014.

[10] Z. Zhang, Z. Wang, Z. Lin, and H. Qi, "Image super-resolution by neural texture transfer," In CVPR, pp. 7982–7991, 2019.

[11] F. Yang, H. Yang, J. Fu, H. Lu, and B. Guo, "Learning texture transformer network for image super-resolution," In CVPR, pp. 5790–5799, 2020.

[12] J. Deng, W. Dong, R. Socher, L.-J. Li, K. Li, and L. Fei-Fei, "ImageNet: A large-scale hierarchical image database," In CVPR, pp. 248–255, 2009.

[13] C. Dong, C. C. Loy, and X. Tang, "Accelerating the super-resolution convolutional neural network," In ECCV, pp. 391–407, 2016.

[14] J. Kim, J. K. Lee, and K. M. Lee, "Accurate image super-resolution using very deep convolutional networks," In CVPR, pp. 1646–1654, 2016.

[15] C. Dong, C. C. Loy, K. He, and X. Tang, "Image super-resolution using deep convolutional networks," IEEE Trans. Pattern Anal. Mach. Intell., vol. 38, no. 2, pp. 295–307, Feb. 2016.

[16] A. Odena, V. Dumoulin, and C. Olah, "Deconvolution and checkerboard artifacts," Distill, vol. 1, no. 10, Oct. 2016.

[17] W. Shi et al., "Real-time single image and video super-resolution using an efficient sub-pixel convolutional neural network," In CVPR, pp. 1874–1883, 2016.

[18] E. Agustsson and R. Timofte, "NTIRE 2017 challenge on single image super-resolution: Dataset and study," In CVPRW, pp. 126–135, 2017.

[19] K. He, X. Zhang, S. Ren, and J. Sun, "Deep residual learning for image recognition," In CVPR, pp. 770–778, 2016.

[20] G. Huang, Z. Liu, L. Van Der Maaten, and K. Q. Weinberger, "Densely connected convolutional networks," In CVPR, pp. 4700–4708, 2017.

[21] Y. Zhang, Y. Tian, Y. Kong, B. Zhong, and Y. Fu, "Residual dense network for image super-resolution," In CVPR, pp. 2472–2481, 2018.

[22] J. Hu, L. Shen, and G. Sun, "Squeeze-and-excitation networks," In CVPR, pp. 7132–7141, 2018.

[23] Y. Zhang, K. Li, K. Li, L. Wang, B. Zhong, and Y. Fu, "Image super-resolution using very deep residual channel attention networks," In ECCV, pp. 286–301, 2018.

[24] I. Goodfellow et al., "Generative adversarial nets," In NIPS, 2014.

[25] K. Simonyan and A. Zisserman, "Very deep convolutional networks for large-scale image recognition," arXiv [cs.CV], Sep. 04, 2014.

[26] Y. Blau and T. Michaeli, "The perception-distortion tradeoff," In CVPR, pp. 6228–6237, 2018.

[27] X. Wang, K. Yu, C. Dong, X. Tang, and C. C. Loy, "Deep network interpolation for continuous imagery effect transition," In CVPR, pp. 1692–1701, 2019.

[28] X. Wang et al., "ESRGAN: Enhanced super-resolution generative adversarial networks," In ECCVW, 2018.

[29] A. Liu, Y. Liu, J. Gu, Y. Qiao, and C. Dong, "Blind image super-resolution: A survey and beyond," arXiv [cs.CV], Jul. 07, 2021.

[30] K. Zhang, W. Zuo, and L. Zhang, "Learning a single convolutional super-resolution network for multiple degradations," In CVPR, pp. 3262–3271, 2018.

[31] J. Gu, H. Lu, W. Zuo, and C. Dong, "Blind super-resolution with iterative kernel correction," In CVPR, pp. 1604–1613, 2019.

[32] Y. Yuan, S. Liu, J. Zhang, Y. Zhang, C. Dong, and L. Lin, "Unsupervised image super-resolution using cycle-in-cycle generative adversarial networks," In CVPRW, pp. 701–710, 2018.

[33] A. Bulat, J. Yang, and G. Tzimiropoulos, "To learn image super-resolution, use a GAN to learn how to do image degradation first," arXiv [cs.CV], Jul. 30, 2018.

[34] A. Shocher, N. Cohen, and M. Irani, "Zero-shot super-resolution using deep internal learning," In CVPR, pp. 3118–3126, 2018.

[35] S. Bell-Kligler, A. Shocher, and M. Irani, "Blind super-resolution kernel estimation using an Internal-GAN," arXiv [cs.CV], Sep. 14, 2019.

[36] A. Lugmayr, M. Danelljan, and R. Timofte, "NTIRE 2021 learning the super-resolution space challenge," In CVPRW, pp. 596–612, 2021.

[37] L. Dinh, D. Krueger, and Y. Bengio, "NICE: Non-linear independent components estimation," arXiv [cs.LG], Oct. 30, 2014.

[38] A. Lugmayr, M. Danelljan, L. Van Gool, and R. Timofte, "SRFlow: Learning the super-resolution space with normalizing flow," In ECCV, pp. 715–732, 2020.

[39] M. Xiao et al., "Invertible image rescaling," In ECCV , pp. 126–144, 2020.

[40] S. Menon, A. Damian, S. Hu, N. Ravi, and C. Rudin, "Pulse: Self-supervised photo upsampling via latent space exploration of generative models," In CVPR, pp. 2437–2445, 2020.

うちだ そう （Sansan 株式会社）

フカヨミ 敵対的サンプル
AI分野における果てなき攻防の最前線

■福原吉博

1 はじめに

　AlexNet の ILSVRC 2012 コンペにおける快挙以降の約 10 年で，Deep Neural Network（DNN）はさまざまな種類のタスクの精度を劇的に向上させた。このようなタスクの中には，すでに DNN が人間以上の精度を達成しているものも複数存在する。一方で，最先端の DNN であっても，推論の公平性の課題や結果の解釈性の課題など，本格的な社会実装に際しては，依然としていくつもの課題を抱えている。

　敵対的サンプル [1] に対する脆弱性は，こうした DNN が抱えている課題の1 つであり，安全保障の側面から DNN の社会実装に対する障害となっている [2]。本稿は，主に敵対的サンプルの研究を始めたばかりの方や，分野の概観を短時間でキャッチアップしたい方を対象としている。2 節では，敵対的サンプルの定義や問題設定の準備を行う。3 節では，2013 年から続く敵対的サンプルの分野の研究の主な流れについて，2 つの側面から概観する。4 節では，最も基本的で，かつ 2021 年現在でも使用されている主要な攻撃・防御手法について，数式を用いて詳しく解説を行う。最後に，5 節では分野の最新の研究のトレンドをいくつかのテーマに分割して説明する。各節の内容はおおよそ独立であるが，4 節の手法の解説は 2 節の定義を使用しているため，適宜参照していただきたい。

　また，注意すべき点として，DNN は画像分類や音声認識，物体検出，セグメンテーション，自然言語処理など，さまざまなタスクに応用されているため，敵対的サンプルも現在ではさまざまなタスクに特化した生成手法が提案されているが，本稿では最も多くの研究がなされている画像分類のタスクに対する敵対的サンプルを主に取り扱う。

2 敵対的サンプルの問題設定

本節ではクラス分類問題を例として，敵対的サンプルの定義を行う。また，敵対的サンプルに関連する手法を議論する上で，前提条件として使用される脅威モデルの説明を行う。

2.1 敵対的サンプル

データ点 $x \in \mathcal{X}$ に対して，K クラス分類器 $f : \mathcal{X} \subseteq \mathbb{R}^d \to \mathbb{R}^K$ によって予測されるラベルを $\hat{k}_{\theta}(x) = \arg\max_k f_k(x; \theta)$ と記す。ただし，θ は分類器 f のパラメータであり，$f_k(x; \theta)$ は $f(x; \theta)$ の k 番目の要素を表すものとする。このとき，任意のデータ点 $x_{\mathrm{orig}} \in \mathcal{X}$ に関する敵対的サンプル（adversarial example）（図 1）$A_{x_{\mathrm{orig}}}$ を，以下の集合として定義する[1]。

$$A_{x_{\mathrm{orig}}} = \left\{ x \in \mathcal{X} \mid \hat{k}_{\theta}(x) \neq t_{x_{\mathrm{orig}}},\ x \in S_{x_{\mathrm{orig}}} \right\} \tag{1}$$

ただし，$t_{x_{\mathrm{orig}}}$ は x_{orig} の真のラベル，$S_{x_{\mathrm{orig}}}$ は x_{orig} に関する敵対的サンプルの候補となるデータ点の集合である。$S_{x_{\mathrm{orig}}}$ は通常，人間には敵対的サンプルと元のデータ点が同一のデータ点として認識されるように微小な $\varepsilon > 0$ を用いて，$S_{x_{\mathrm{orig}}} = B^{*}(x_{\mathrm{orig}}; \varepsilon) := \{ x \in \mathbb{R}^d \mid d(x_{\mathrm{orig}}, x) \leq \varepsilon \}$（$x_{\mathrm{orig}}$ を中心とした半径 ε の閉球体）として定義することが多い。ただし，$d : \mathbb{R}^d \times \mathbb{R}^d \to \mathbb{R}$ は何らかの距離関数である。

式 (1) のような学習後のモデルに対する敵対的サンプルは，evasion attack と呼ばれる。一方で，モデルの学習データに変更を加える poisoning attack と呼ばれる敵対的サンプルも存在するが，紙面の関係上本稿では扱わない。興味のある方は文献 [3, 4] を参照されたい。

また，データ点 $x_{\mathrm{orig}} \in \mathcal{X}$ に関して，敵対的サンプルと元のデータ点の差分の集合を敵対的摂動（adversarial perturbation）$\Delta_{x_{\mathrm{orig}}}$ と呼び，以下のように定義する。

[1] 敵対的サンプルや敵対的摂動には，複数の定義の仕方が存在することに留意されたい。たとえば，FGSM や adversarial training を提案した Ian Goodfellow 氏は，敵対的サンプルを「攻撃者によって意図的にモデルが間違えるように設計された入力」と定義している。一方，DeepFool や universal perturbation を提案した Seyed-Mohsen Moosavi-Dezfooli 氏は，敵対的摂動を「$\hat{k}(x + \delta) \neq t$ を満たす最小の δ」と定義している。

x_{orig}　　　　δ（×50）　　　　$x_{\mathrm{orig}} + \delta$

図 1　PGD によって生成された敵対的サンプルの例。（左）入力画像，（中央）敵対的摂動，（右）敵対的サンプル。

$$\Delta_{x_{\text{orig}}} = \left\{ \delta \in \mathbb{R}^d \mid \hat{k}_\theta(x_{\text{orig}} + \delta) \neq t_{x_{\text{orig}}},\ \delta \in S_o,\ x_{\text{orig}} + \delta \in \mathcal{X} \right\} \qquad (2)$$

ただし，S_o は敵対的摂動の候補の集合である．したがって，任意の敵対的サンプル $x_{\text{adv}} \in A_{x_{\text{orig}}}$ に対して，ある敵対的摂動 $\delta \in \Delta_{x_{\text{orig}}}$ が存在して $x_{\text{adv}} = x_{\text{orig}} + \delta$ の関係が成り立つ．本稿で手法の説明を行う際は，一貫性のために式 (1) で定義した敵対的サンプルを使用して数式を構成するが，関連論文には敵対的摂動を用いているものも多い．それらの論文と本稿の数式を比較する際は，上の関係式を利用して本稿の式を敵対的摂動を用いた式に書き換えていただきたい．

実際に敵対的サンプル x_{adv} を生成する際には，ある代理損失 L を定義して，式 (3) のような制約付き最適化問題を解くことが多い．ここで，通常の K クラス分類器の学習と比較すると，通常の学習では「(固定された) デ̇ー̇タ̇点̇に対して，損失を減̇少̇さ̇せ̇る̇ように重̇み̇を更̇新̇する」のに対し，敵対的サンプルの生成では「(固定された) 重̇み̇に対して損失を増̇加̇さ̇せ̇る̇ようにデ̇ー̇タ̇点̇を更̇新̇する」という違いがある．

$$\max_{x \in \mathcal{X}} L(\hat{k}_\theta(x), t_{x_{\text{orig}}}) \ \text{ such that } \ x \in S_{x_{\text{orig}}} \qquad (3)$$

特に，画像のクラス分類問題においては，$\mathcal{X} = [0,1]^d$ とし，代理損失として交差エントロピー，距離関数として ℓ_p ノルム $d(x_{\text{orig}}, x) := \|x_{\text{orig}} - x\|_p$ を使用する場合が多い．

本稿では，クラス分類器 f に敵対的サンプル $x_{\text{adv}} \in A_{x_{\text{orig}}}$ を入力することで誤分類[2] $\hat{k}_\theta(x_{\text{adv}}) \neq t_{x_{\text{orig}}}$ を引き起こす行為を，敵対的サンプルを用いた攻撃と表現し，式 (3) の近似解を求めるなどの方法で敵対的サンプルを生成する手法を，攻撃手法と総称する．一方，入力された敵対的サンプルによる誤分類を防ぐ行為を敵対的サンプルに対する防御と表現し，攻撃手法に対して防御手法と総称する．

[2] 敵対的サンプル x_{adv} は，人間には元のデータ点 x_{orig} と同一のデータ点として認識される集合 $S_{x_{\text{orig}}}$ の元なので，x_{adv} の真のラベルも $t_{x_{\text{orig}}}$ であるはずという推定に基づいている．

2.2 脅威モデル

敵対的サンプルによる攻撃やそれに対する防御では，さまざまな異なる状況が想定できる．たとえば，攻撃に際しては，攻撃者が攻撃対象のモデルについての情報をもっており，モデルの重みなどの情報を使用して敵対的サンプルを生成できる場合もあれば，攻撃者がモデルの入出力の情報にしかアクセスできない場合もある．脅威モデルはこのような攻撃・防御手法が想定している状況を表すもので，主に攻撃者が敵対的サンプルを生成する際に使用可能な情報を規定する．脅威モデルには主に以下の 2 種類がある．

- ホワイトボックス（white box）：攻撃者はアーキテクチャやパラメータ，訓練データなどの攻撃対象のモデルの情報をすべて入手可能．攻撃対象

のモデルがすでに何らかの防御手法を使用している場合は，入手可能な情報に使用している防御手法の情報を含む場合もある。

- **ブラックボックス**（black box）：攻撃者は攻撃対象のモデルの内部情報を入手不可能。しかし，モデルに対するクエリーの送信は可能[3]。または，クエリーの送信は不可能だが訓練データは入手可能。（既存のブラックボックスの脅威モデルには複数の設定があるため，詳しくはより厳密な文献 [3] を参照されたい）

本稿では，より多くの研究がなされているホワイトボックスの状況下での攻撃・防御手法を主に扱う。また，両者の中間の脅威モデルとして，グレーボックスという脅威モデルを定義している論文もある。

[3] 既存のブラックボックスの状況下での攻撃手法は，クエリー送信の結果として，分類器の全クラス分の softmax 値を入手可能と仮定しているものが多いが，実際の商用の画像認識 API などは確率値の高い数クラス分の値のみを返すのが一般的なため，現実的な設定とは隔たりがあることに注意されたい。

3　これまでの研究の流れ

本節では，2013 年に DNN における敵対的サンプルの脅威を指摘した Szegedy らの研究 [1] から 2021 年初頭までの敵対的サンプルの分野における研究の流れを 2 つの側面から概観する。1 つは arms race と表現される攻撃手法と防御手法に関する研究の流れについて，もう 1 つは，敵対的サンプルの原因や性質に関する研究の流れについてである。

3.1　攻撃・防御手法

攻撃・防御手法の研究の流れは，arms race と表現されるように，「新しい防御手法が提案されると，それを破る新しい攻撃手法が提案される」という流れを繰り返してきた。DNN における敵対的サンプルの脅威は Szegedy ら [1] によって指摘され，Goodfellow ら [5] によって，最も単純で高速な単一イテレーションの攻撃手法である fast gradient sign method（FGSM）が提案された。初期の攻撃手法は FGSM の単純な線形近似を改良して，より人間に知覚しにくい敵対的摂動を計算する方法を提案しているものが多い [6, 7]。これらの攻撃手法に対する防御手法として注目されたのが，Papernot らによって提案された，蒸留を用いた防御手法である defensive distillation [8] である。defensive distillation は蒸留によってモデルの決定境界が滑かになり，入力点での勾配が小さくなることを利用した防御手法である。しかしながら，defensive distillation は敵対的サンプルを生成する際の目的関数を工夫することで，容易に破られてしまうことが Carlini ら [9, 10] によって指摘された（C&W attack）。この時期には攻撃手法も多様化しており，個々のサンプルに依存しない普遍的な摂動 [11] や，単一のピクセルの画素値のみを変更する攻撃 [12]，反復的に FGSM を適用する手法（PGD）[13]，GAN を用いた敵対的サンプルの生成手法 [14]，微分可能

レンダラーを用いた敵対的サンプルの生成手法 [15] などが提案されている。また，印刷された画像や 3 次元の物体表面のテクスチャに敵対的摂動を埋め込む手法 [16, 17]，道路標識の表面に矩形のテープを貼ることで誤認識を引き起こす手法 [18] なども提案されており，敵対的サンプルがより現実的な設定で脅威となりうることを複数の研究が指摘している。この時期の防御手法は，分類器の前に検出器を設置し，敵対的サンプルを検出して取り除くことで防御をする手法が複数提案されている [19, 20, 21, 22, 23]。しかしながら，これらの検出に基づく防御手法の多くは，C&W attack の目的関数を個々の検出手法に特化して調整することで破られてしまうことが示された [24]。検出以外の防御手法としては，多くの攻撃手法がモデルの勾配情報を利用して敵対的サンプルを生成していることに注目し，微分不可能操作 [25, 26, 27] や，勾配の確率化 [28, 29]，勾配の消失・発散 [30, 31] を利用して勾配を難読化する防御手法が提案された。しかしながら，勾配の難読化による防御も，手法に応じた勾配の近似やブラックボックスの攻撃を行うことで破られてしまうことが，Athalye ら [32] によって示された[4]。このような背景から，現在では，防御手法の提案を行う際はその防御手法向けに調整された攻撃手法によって攻撃された場合の精度を報告することが推奨されている [33]。

　上述のように，多くの防御手法がそれに特化した攻撃手法に破られてきた一方で，現在も有効度が高いとされる防御手法も存在する。adversarial training [5, 13] は学習時に動的に敵対的サンプルを生成し，訓練データに追加する手法である。PGD を用いた adversarial training やその拡張手法は，最も有力な防御手法の 1 つである。しかしながら，adversarial training には計算コストの増大や特定の種類の敵対的サンプルに対する過学習などの問題もあり，現在も盛んに改良が行われている。一方で，事前に敵対的サンプルによって入力が変化しうる領域を計算し，そのような領域のすべてで正しく分類できるようにすることで頑健性を保証する手法である provable defense [34, 35] も有効な防御手法であるが，計算コストが大きいため，近似を用いた高速化の手法が研究されている。

3.2 原因・性質の分析

　Szegedy ら [1] によって DNN の敵対的サンプルに対する脆弱性が報告された当初，これらの脆弱性は DNN がもつ高い非線形性が原因として考えられていた。以降，多くの研究がそれぞれの観点から敵対的サンプルに対する脆弱性の原因を分析している。例としては，DNN の局所的な線形性 [5]，訓練データ数の不足 [36]，高次元性 [37]，訓練データの分布の複雑性 [38]，batch normalization の影響 [39]，有効な特徴表現の性質の差異 [40]，破損した画像に対する頑健性との関係 [41] に注目した分析が挙げられる。これらの分析の中でも，Ilyas ら

[4] 当時，ICLR 2018 に投稿されていた 9 つの最先端の防御手法に対して攻撃を行い，勾配の難読化に基づいていた 7 つの手法を破った。

による特徴表現に基づく原因の分析 [40] が有力視されている。この分析は，通常のクラス分類の精度の向上に有効な特徴表現と，頑健性の向上に有効な特徴表現には差異があることを示しており，先行研究で報告されている精度と頑健性の trade-off 現象 [42, 13] や敵対的サンプルのモデル間の転移現象 [43, 44] を自然に説明することができるためである。上述のように，敵対的サンプルに対する脆弱性は，発見された当初はモデルの構造のバグのように見なされていたが，近年の研究ではタスクの設定の仕方に問題があると考えられており，損失関数の改善 [45] やデータ拡張 [46] などによって頑健性を向上させる手法が研究されている。

敵対的サンプルの原因として特徴表現を用いた説明 [40] が有力視されるにつれて，敵対的サンプルに対して頑健な特徴表現と脆弱な特徴表現の性質の違いについての分析が行われてきた。交差エントロピーを損失として用いて通常の学習を行ったモデルは，形状よりもテクスチャの情報を重視し，空間的に局所的な特徴に基づいて推論を行う傾向 [47, 48] にあることが報告されている（texture-bias な特徴表現）。一方で，adversarial training によって敵対的サンプルに対して頑健な特徴表現を獲得したモデルは，形状の情報をより重視し，大域的な特徴に基づいて推論を行う傾向 [49, 50] にあることが報告されている（shape-bias な特徴表現）。また，shape-bias な特徴表現は texture-bias なものと比べて，人間の視覚が物体を認識する際に使用している特徴に類似したものを捉えているため [51, 52, 49, 50]，DNN の解釈性の問題に対する解決策の 1 つとして，頑健な特徴表現の応用が期待されている [53]。

4 主要な攻撃・防御手法

3 節で説明したように，2013 年以降，敵対的サンプルの分野では非常に多数の攻撃・防御手法が提案され，互いに有効性を競ってきた。本節では，最も基本的で，かつ 2021 年現在も広く使用されている攻撃・防御手法について説明を行う。

4.1 FGSM（fast gradient sign method）

Goodfellow らは最も単純なホワイトボックスの攻撃手法の 1 つである fast gradient sign method（FGSM）を提案した。FGSM では代理損失 L を線形近似することで，式 (4) を用いて敵対的サンプルの生成を行う。

$$x_{\mathrm{adv}} = x_{\mathrm{orig}} + \eta \cdot \nabla_x L(\hat{k}_\theta(x_{\mathrm{orig}}), t_{x_{\mathrm{orig}}}) \tag{4}$$

ただし，$\eta > 0$ はステップサイズである。Goodfellow らによって提案されたオ

リジナルの FGSM は，距離関数として ℓ_∞ ノルムのみを想定しているため，勾配の符号のみに着目した立式 $\boldsymbol{x}_{\mathrm{adv}} = \boldsymbol{x}_{\mathrm{orig}} + \eta \cdot \mathrm{sign}(\nabla_x L(\hat{k}_\theta(\boldsymbol{x}_{\mathrm{orig}}), t))$ となっているが，その後複数の距離関数を使用した形に一般化されたため，ここではより一般的な形の式を示した。FGSM は 1 回の誤差逆伝搬と勾配降下で計算できるため，計算コストにおいては優れているが，最適化問題 (3) の近似解としては精度が低く，攻撃手法としては最も弱い部類の手法である。

4.2 PGD（projected gradient descent）

Madry らは FGSM を拡張した攻撃手法として，projected gradient descent（PGD）[13] を提案した。PGD では FGSM と同様の勾配降下を反復して行うことで，FGSM よりも強力な敵対的サンプルを求めることができる。

$$\boldsymbol{x}_{\mathrm{adv}}^{(0)} = P_{\mathcal{X}, S_{x_{\mathrm{orig}}}}\left(\boldsymbol{x}_{\mathrm{orig}} + \zeta\right) \tag{5}$$

$$\boldsymbol{x}_{\mathrm{adv}}^{(n+1)} = P_{\mathcal{X}, S_{x_{\mathrm{orig}}}}\left(\boldsymbol{x}_{\mathrm{adv}}^{(n)} + \eta \cdot \nabla_x L(\hat{k}_\theta(\boldsymbol{x}_{\mathrm{adv}}^{(n)}), t_{x_{\mathrm{orig}}})\right) \tag{6}$$

ただし，$P_{\mathcal{X}, S_{x_{\mathrm{orig}}}} : \mathbb{R}^d \to \mathbb{R}^d$ は $\mathcal{X} \cap S_{x_{\mathrm{orig}}}$ 内の最近傍点への射影であり，$\zeta \in \mathbb{R}^d$ は一様分布に従ってサンプリングされた $S_{x_{\mathrm{orig}}}$ の元である。PGD はホワイトボックスの状況で防御手法を評価する際に最も広く使用されている攻撃手法である。

4.3 APGD（auto projected gradient descent）

PGD のステップサイズ η は固定値であるため，式 (3) の最適化問題の良い近似解を得るためには，慎重に値の調整を行う必要があった。したがって，PGD を使用した防御手法の評価においては，手法ごとに適切なパラメータ探索を行う必要があり，パラメータの調整不足に伴う頑健性の過大評価が問題となっていた。この問題を解決するために，Croce らは Auto-PGD（APGD）[54] と呼ばれるパラメータフリーの攻撃手法を提案した。APGD では，以下の式に従って敵対的サンプルを求める。

$$\boldsymbol{x}_{\mathrm{adv}}^{(0)} = P_{\mathcal{X}, S_{x_{\mathrm{orig}}}}\left(\boldsymbol{x}_{\mathrm{orig}} + \zeta\right) \tag{7}$$

$$\boldsymbol{z}^{(n+1)} = P_{\mathcal{X}, S_{x_{\mathrm{orig}}}}\left(\boldsymbol{x}_{\mathrm{adv}}^{(n)} + \eta^{(n)} \cdot \nabla_x L(\hat{k}_\theta(\boldsymbol{x}_{\mathrm{adv}}^{(n)}), t_{x_{\mathrm{orig}}})\right) \tag{8}$$

$$\boldsymbol{x}_{\mathrm{adv}}^{(n+1)} = P_{\mathcal{X}, S_{x_{\mathrm{orig}}}}\left(\boldsymbol{x}_{\mathrm{adv}}^{(n)} + \alpha \cdot (\boldsymbol{z}^{(n+1)} - \boldsymbol{x}_{\mathrm{adv}}^{(n)}) + (1 - \alpha) \cdot (\boldsymbol{x}_{\mathrm{adv}}^{(n)} - \boldsymbol{x}_{\mathrm{adv}}^{(n-1)})\right) \tag{9}$$

ただし，$\alpha \in [0, 1]$ は過去の更新の影響度合い（モーメンタム）を調整するパラメータであり，元論文では $\alpha = 0.75$ を使用している。式 (9) は一見複雑に見えるが，$\alpha = 1$ のときは，η の値が n に依存していることを除いて PGD の更新式 (6) と同じになることを確認していただきたい。

APGD では，η の値をイテレーションが進むにつれて動的に変化させることによって，前述の PGD の問題点を解決している。具体的には，与えられたイテ

レーション回数の最大値 N_{iter} に至るまで，η の値を更新するか否かを判断するイテレーションの集合 $W = \{w_0, \ldots, w_m\}$ を入力として与える。ただし，$w_0 = 0$ とする。$j = w_l \in W$ 回目のイテレーションにおいて，以下の式 (10) と式 (11) の条件のうち，どちらか片方でも満たされている場合は，$j+1$ 回目のイテレーションからのステップサイズを $\eta^{(j+1)} := \eta^{(j)}/2$ に更新し，$x_{\text{adv}}^{(j+1)} := \arg\max\limits_{x' = x_{\text{adv}}^{(0)}, \ldots, x_{\text{adv}}^{(j)}} \tilde{L}(x')$ とすることで，これまでのイテレーション中で損失を最大化していた点から探索を再開する。

$$\sum_{i=w_{j-1}}^{w_j-1} \mathbf{1}_{\tilde{L}(x_{\text{adv}}^{(i+1)}) > \tilde{L}(x_{\text{adv}}^{(i)})} < \rho \cdot (w_j - w_{j-1}) \tag{10}$$

$$\eta^{(w_j)} = \eta^{(w_{j-1})} \quad \text{and} \quad \max_{i=0,\ldots,w_j} \tilde{L}(x_{\text{adv}}^{(i)}) = \max_{i=0,\ldots,w_{j-1}} \tilde{L}(x_{\text{adv}}^{(i)}) \tag{11}$$

ただし，$\rho > 0$，$\tilde{L}(x) := L(\hat{k}_\theta(x), t_{x_{\text{orig}}})$ である。式 (10) は w_{j-1} 回目から w_j 回目のイテレーションの間で損失を増加させることに成功しているイテレーションの割合を評価するための式であり，損失を増加させているイテレーションの割合が ρ より小さいかどうかを判定している。元論文では $\rho = 0.75$ と設定されている。一方，式 (11) は，η の値を更新しなかった場合に，w_{j-1} 回から w_j 回のイテレーションの間で最適化問題の解の探索がうまく進んでいるかを評価するための式であり，w_{j-1} 回から w_j 回のイテレーションの間に，これまでのイテレーションの中で損失が最大になる点が見つかったかどうかを判定している。

4.4　AT（adversarial training）

adversarial training（AT）[5] は，学習データに対して生成された敵対的サンプルを正しく分類するように学習することで，敵対的サンプルに対する頑健性を向上させる手法として提案され，その後，Madry ら [13] によってロバスト最適化の側面から定式化された。

通常の分類器の学習では，式 (12) のように，損失の期待値を最小化するような分類器のパラメータ θ を見つけることを目的として最適化を行う。

$$\min_\theta \mathop{\mathbb{E}}_{(x_{\text{orig}}, t) \sim \mathcal{D}} \left[L(\hat{k}_\theta(x_{\text{orig}}), t) \right] \tag{12}$$

ただし，$\mathcal{D}$ は学習データの分布である。一方で，AT では式 (13) のように，敵対的サンプルによって最大化された損失（敵対的損失）の期待値を最小化するような分類器のパラメータ θ を見つけることを目的として最適化を行う。

$$\min_\theta \mathop{\mathbb{E}}_{(x_{\text{orig}}, t) \sim \mathcal{D}} \left[\max_{x_{\text{adv}} \in A_{x_{\text{orig}}}} L(\hat{k}_\theta(x_{\text{adv}}), t) \right] \tag{13}$$

AT は防御手法としては最初期に提案された手法の 1 つであるが，2021 年現在も最も有効な防御手法の 1 つである。4.2 項で説明した PGD を使用して式 (13) の敵対的損失の計算を行う AT（PGD-AT）や，代理損失として TRADES を使用した AT など，AT ベースの防御手法は複数の防御手法のコンペ [55, 56] で最も優秀な成績を残している。

5　最新の動向

本節では，主に 2020 年後半から 2021 年前半までの，敵対的サンプルの分野の最新の研究動向について述べる。

5.1　CNN 以外のアーキテクチャの使用

2020 年後半から，画像分類タスクを中心として，Transformer や MLP を使用した，CNN 以外のアーキテクチャの提案が複数なされた。特に，vision Transformer（ViT）および MLP-Mixer はホワイトボックスとブラックボックスの両方の設定において，CNN よりも敵対的サンプルに対して頑健であるという報告がなされている。また，ViT が通常の学習で獲得する特徴表現は，CNN が獲得するものと比較して shape-bias 寄りであり，より大域的な特徴を浅い層から使用して推論を行っているという報告もなされている。これは，ViT が敵対的サンプルに対して頑健性が高いという報告に沿った結果である。加えて，provable defense の手法においても，ViT を使用することで，通常の画像の分類精度をほとんど低下させることなく，adversarial patch に対して頑健な分類器を構築する手法が提案されてきており，前述のような新しいアーキテクチャを使用して敵対的サンプルに対して頑健なモデルを構築する研究は，今後しばらくはトレンドの 1 つとなると考えられる。

5.2　ドメインの多様化

敵対的サンプルの分野は，画像分類のタスクを中心として初期の研究が行われてきたが，近年ではさまざまなドメインに向けて，急速に手法が拡張されている。物理的な攻撃手法 [57, 58] や，メッシュや点群など形状を表すデータ表現に対して広く適用可能な攻撃手法 [59]，画像とテキストを使用したマルチモーダル分類器に対する攻撃手法 [60] など，機械学習モデルの社会実装が進むに従って，現実の問題設定に即したさまざまなドメインに対する応用の研究は，今後もトレンドになると考えられる。また，従来のような入力空間を用いた摂動ではなく，潜在空間における摂動を考えることで，より強力な攻撃・防御が可能であることも報告されている [61, 62, 63]。

5.3 adversarial training の拡張

4.4 項で述べたように，adversarial training [5, 13] は現在も有力な防御手法の1つである。しかしながら，現在主流の PGD-AT は，反復計算によって敵対的サンプルを生成するため計算コストが大きく，大規模なデータセットを用いた学習が難しいという課題がある。この問題を解決するため，adversarial training の高速化の研究が行われている。Shafahi ら [38] は，パラメータの更新に使用した勾配情報を敵対的サンプルの生成に再利用することで高速化する手法を提案している。Zhang ら [64] は，adversarial training の効果は 1 層目の重みの更新のみに大きな影響を与えていることを，ゲーム理論を用いて示し，学習時のモデル全体にわたる伝搬回数を少なくすることで高速化する手法を提案している。また，従来は頑健な特徴表現の獲得には有効でないと報告されていた，簡易的な敵対的サンプルの生成手法である FGSM [5] を adversarial training に用い，それを確率的な初期化と組み合わせることで，PGD を用いた adversarial training と同程度の効果を得ることできるという報告 [65] もなされている。一方で，このような高速化の手法は過剰適合を引き起こしやすいため，過剰適合回避のための手法 [66, 67] も研究されている。

5.4 deepfake

DNN を用いたシステムを社会実装する上で敵対的サンプルが脅威となるタスクの具体例として，自動運転 [18] や顔認証システム [68] などが挙げられる場合が多い。しかしながら，これらの例はカメラ以外の複数のセンサーを組み合わせて実装される場合が多いため，敵対的サンプルが真の脅威となるかについては議論の余地があった。最近の研究では，広告検知システムに対する敵対的サンプルの生成 [69] など，他のセンサーを組み合わせることが難しい新しいタスクの例が発見されてきている。特に，近年急速に研究が進んでいる deepfake の検出は，その性質上，画像認識のみで識別を行う必要があるため，敵対的サンプルが真の脅威となりうる新しい例として注目されてきている。

deepfake [70] は深層生成モデルによって作られた，人間には本物に見えるコンテンツの総称であり，「存在しない人物の画像」や「既存の人物の発言内容が操作された動画」などが例として挙げられる。deepfake は 2017 年の後期に登場してから，多くの生成手法が提案されており，誤情報の拡散や政治指導者のなりすまし，個人の名誉毀損など，悪質な用途に使用可能であるという問題意識から，急速に研究が進んでいる分野である。特に，deepfake を検出する手法は情報の信頼性を確保する上で重要であり，近年では deepfake 検出の大規模なコンペが開催されたり，データセットが公開されたりしている [71, 72]。

deepfake は機械学習モデルを騙すことを目的とする敵対的サンプルとは対照的に，人間の知覚を騙すことを目的として生成されるが，近年では deepfake 検出器に検出されにくい deepfake を生成するために，敵対的サンプルと deepfake を組み合わせた手法が提案され始めている。これらの手法は，deepfake に敵対的摂動を加えたり [73, 74], adversarial-patch を埋め込んだりする [75] ことで，検出器が deepfake を識別できないようにするものである。また，オリジナルの画像に敵対的摂動を加えることで，生成モデルが deepfake を生成できないようにする防御手法 [76] が提案される一方で，このような防御が施された画像に対しても deepfake を生成する強力な攻撃手法も提案され始めており，arms race をどのように回避するのかが今後の課題になると考えられる。

6　おわりに

　本稿では，敵対的サンプルの分野の研究の概観と主要な手法の解説を行った。DNN 敵対的サンプルに対する脆弱性の問題は，学術領域のみならず，DNN の産業利用の領域でも避けては通れない問題となっている。本稿が関連分野の理解の助けと新しい研究アイデアの種になれば幸いである。

参考文献

[1] Christian Szegedy, Wojciech Zaremba, Ilya Sutskever, Joan Bruna, Dumitru Erhan, Ian Goodfellow, and Rob Fergus. Intriguing properties of neural networks. In *International Conference on Learning Representations (ICLR)*, 2014.

[2] Dan Hendrycks, Nicholas Carlini, John Schulman, and Jacob Steinhardt. Unsolved problems in ML safety. *arXiv:2109.13916*, 2021.

[3] Anirban Chakraborty, Manaar Alam, Vishal Dey, Anupam Chattopadhyay, and Debdeep Mukhopadhyay. Adversarial attacks and defenses: A survey. *arXiv:1810.00069*, 2018.

[4] Micah Goldblum, Dimitris Tsipras, Chulin Xie, Xinyun Chen, Avi Schwarzschild, Dawn Song, Aleksander Madry, Bo Li, and Tom Goldstein. Dataset security for machine learning: Data poisoning, backdoor attacks, and defenses. *arXiv:2012.10544*, 2021.

[5] Ian J. Goodfellow, Janathon Shlens, and Christian Szegedy. Explaining and harnessing adversarial examples. In *International Conference on Learning Representations (ICLR)*, 2015.

[6] Seyed-Mohsen Moosavi-Dezfooli, Alhussein Fawzi, and Pascal Frossard. Deepfool: A simple and accurate method to fool deep neural networks. In *IEEE Conference on Computer Vision and Pattern Recognition (CVPR)*, 2016.

[7] Nicolas Papernot, Patrick McDaniel, Somesh Jha, Matt Fredrikson, Z Berkay Celik, and Ananthram Swami. The limitations of deep learning in adversarial settings. In

IEEE European Symposium on Security and Privacy (EuroS&P), pp. 372–387, 2016.

[8] Nicolas Papernot, Patrick McDaniel, Xi Wu, Somesh Jha, and Ananthram Swami. Distillation as a defense to adversarial perturbations against deep neural networks. In *IEEE Symposium on Security & Privacy*, pp. 582–597, 2016.

[9] Nicholas Carlini and David Wagner. Defensive distillation is not robust to adversarial examples. *arXiv:1607.04311*, 2016.

[10] Nicholas Carlini and David Wagner. Towards evaluating the robustness of neural networks. In *IEEE Symposium on Security & Privacy*, pp. 39–57, 2017.

[11] Seyed-Mohsen Moosavi-Dezfooli, Alhussein Fawzi, Omar Fawzi, and Pascal Frossard. Universal adversarial perturbations. In *IEEE Conference on Computer Vision and Pattern Recognition (CVPR)*, pp. 1765–1773, 2017.

[12] Jiawei Su, Danilo Vasconcellos Vargas, and Sakurai Kouichi. One pixel attack for fooling deep neural networks. *arXiv:1710.08864*, 2017.

[13] Aleksander Madry, Aleksandar Makelov, Ludwig Schmidt, Dimitris Tsipras, and Adrian Vladu. Towards deep learning models resistant to adversarial attacks. In *International Conference on Learning Representations (ICLR)*, 2018.

[14] Zhengli Zhao, Dheeru Dua, and Sameer Singh. Generating natural adversarial examples. In *International Conference on Learning Representations (ICLR)*, 2018.

[15] Hsueh-Ti Derek Liu, Michael Tao, Chun-Liang Li, Derek Nowrouzezahrai, and Alec Jacobson. Beyond pixel norm-balls: Parametric adversaries using an analytically differentiable renderer. In *International Conference on Learning Representations (ICLR)*, 2019.

[16] Alexey Kurakin, Ian Goodfellow, and Samy Bengio. Adversarial examples in the physical world. In *International Conference on Learning Representations Workshops (ICLRW)*, 2017.

[17] Anish Athalye, Logan Engstrom, Andrew Ilyas, and Kevin Kwok. Synthesizing robust adversarial examples. In *International Conference on Machine Learning (ICML)*, 2018.

[18] Kevin Eykholt, Ivan Evtimov, Earlence Fernandes, Bo Li, Amir Rahmati, Chaowei Xiao, Atul Prakash, Tadayoshi Kohno, and Dawn Song. Robust physical-world attacks on deep learning models. In *IEEE Conference on Computer Vision and Pattern Recognition (CVPR)*, 2018.

[19] Dan Hendrycks and Kevin Gimpel. Early methods for detecting adversarial images. In *International Conference on Learning Representations Workshops (ICLRW)*, 2017.

[20] Xin Li and Fuxin Li. Adversarial examples detection in deep networks with convolutional filter statistics. In *IEEE International Conference on Computer Vision Workshops (ICCVW)*, pp. 1765–1773, 2017.

[21] Reuben Feinman, Ryan R. Curtin, Saurabh Shintre, and Andrew B. Gardner. Detecting adversarial samples from artifacts. *arXiv:1703.00410*, 2017.

[22] Kathrin Grosse, Praveen Manoharan, Nicolas Papernot, Michael Backes, and Patrick McDaniel. On the (statistical) detection of adversarial examples. *arXiv:1702.06280*, 2017.

[23] Zhitao Gong, Wenlu Wang, and Wei-Shinn Ku. Adversarial and clean data are not twins. *arXiv:1704.04960*, 2017.

[24] Nicholas Carlini and David Wagner. Adversarial examples are not easily detected: Bypassing ten detection methods. *arXiv:1705.07263*, 2017.

[25] Jacob Buckman, Aurko Roy, Colin Raffel, and Ian Goodfellow. Thermometer encoding: One hot way to resist adversarial examples. In *International Conference on Learning Representations (ICLR)*, 2018.

[26] Chuan Guo, Mayank Rana, Moustapha Cisse, and Laurens van der Maaten. Countering adversarial images using input transformations. In *International Conference on Learning Representations (ICLR)*, 2018.

[27] Xingjun Ma, Bo Li, Yisen Wang, Sarah M. Erfani, Sudanthi Wijewickrema, Grant Schoenebeck, Dawn Song, Michael E. Houle, and James Bailey. Characterizing adversarial subspaces using local intrinsic dimensionality. In *International Conference on Learning Representations (ICLR)*, 2018.

[28] Guneet S. Dhillon, Kamyar Azizzadenesheli, Zachary C. Lipton, Jeremy Bernstein, Jean Kossaifi, Aran Khanna, and Anima Anandkumar. Stochastic activation pruning for robust adversarial defense. In *International Conference on Learning Representations (ICLR)*, 2018.

[29] Cihang Xie, Jianyu Wang, Zhishuai Zhang, Zhou Ren, and Alan Yuille. Mitigating adversarial effects through randomization. In *International Conference on Learning Representations (ICLR)*, 2018.

[30] Yang Song, Taesup Kim, Sebastian Nowozin, Stefano Ermon, and Nate Kushman. Pixeldefend: Leveraging generative models to understand and defend against adversarial examples. In *International Conference on Learning Representations (ICLR)*, 2018.

[31] Pouya Samangouei, Maya Kabkab, and Rama Chellappa. Defense-GAN: Protecting classifiers against adversarial attacks using generative models. In *International Conference on Learning Representations (ICLR)*, 2018.

[32] Anish Athalye, Nicholas Carlini, and David Wagner. Obfuscated gradients give a false sense of security: Circumventing defenses to adversarial examples. In *International Conference on Machine Learning (ICML)*, 2018.

[33] Nicholas Carlini, Anish Athalye, Nicolas Papernot, Wieland Brendel, Dimitris Tsipras Jonas Rauber, Ian Goodfellow, Aleksander Madry, and Alexey Kurakin. On evaluating adversarial robustness. *arXiv:1902.06705*, 2019.

[34] Eric Wong and J. Zico Kolter. Provable defenses against adversarial examples via the convex outer adversarial polytope. In *International Conference on Machine Learning (ICML)*, 2018.

[35] Aditi Raghunathan, Jacob Steinhardt, and Percy Liang. Certified defenses against adversarial examples. In *International Conference on Learning Representations (ICLR)*, 2018.

[36] Ludwig Schmidt, Shibani Santurkar, Dimitris Tsipras, Kunal Talwar, and Aleksander Madry. Adversarially robust generalization requires more data. In *Neural Information Processing Systems (NeurIPS)*, 2018.

[37] Justin Gilmer, Luke Metz, Fartash Faghri, Samuel S. Schoenholz, Maithra Raghu, Martin Wattenberg, and Ian Goodfellow. Adversarial spheres. *arXiv:1801.02774*, 2018.

[38] Ali Shafahi, Mahyar Najibi, Amin Ghiasi, Zheng Xu, John Dickerson, Christoph Studer, Larry S. Davis, Gavin Taylor, and Tom Goldstein. Adversarial training for free! In *Neural Information Processing Systems (NeurIPS)*, 2019.

[39] Angus Galloway, Anna Golubeva, Thomas Tanay, Medhat Moussa, and Graham W. Taylor. Batch normalization is a cause of adversarial vulnerability. In *International Conference on Machine Learning Workshops (ICMLW)*, 2019.

[40] Andrew Ilyas, Shibani Santurkar, Dimitris Tsipras, Logan Engstrom, Aleksander Madry, and Brandon Tran. Adversarial examples are not bugs, they are features. In *Neural Information Processing Systems (NeurIPS)*, 2019.

[41] Nic Ford, Justin Gilmer, Nicolas Carlini, and Dogus Cubuk. Adversarial examples are a natural consequence of test error in noise. In *International Conference on Machine Learning (ICML)*, 2019.

[42] Dong Su, Huan Zhang, Hongge Chen, Jinfeng Yi, Pin-Yu Chen, and Yupeng Gao. Is robustness the cost of accuracy? — A comprehensive study on the robustness of 18 deep image classification models. In *European Conference on Computer Vision Workshops (ECCVW)*, 2018.

[43] Yanpei Liu, Xinyun Chen, Chang Liu, and Dawn Song. Delving into transferable adversarial examples and black-box attacks. In *International Conference on Learning Representations (ICLR)*, 2017.

[44] Nicolas Papernot, Patrick McDaniel, and Ian Goodfellow. Transferability in machine learning: From phenomena to black-box attacks using adversarial samples. *arXiv:1605.072771*, 2016.

[45] Hongyang Zhang, Yaodong Yu, Jiantao Jiao, Eric P. Xing, Laurent El Ghaoui, and Michael I. Jordan. Theoretically principled trade-off between robustness and accuracy. In *International Conference on Machine Learning (ICML)*, 2019.

[46] Hongyi Zhang, Moustapha Cisse, Yann N. Dauphin, and David Lopez-Paz. mixup: Beyond empirical risk minimization. In *International Conference on Learning Representations (ICLR)*, 2018.

[47] Robert Geirhos, Patricia Rubisch, Claudio Michaelis, Matthias Bethge, Felix A. Wichmann, and Wieland Brendel. ImageNet-trained CNNs are biased towards texture; increasing shape bias improves accuracy and robustness. In *International Conference on Learning Representations (ICLR)*, 2019.

[48] Wieland Brendel and Matthias Bethge. Approximating CNNs with bag-of-local-features models works surprisingly well on ImageNet. In *International Conference on Learning Representations (ICLR)*, 2019.

[49] Takahiro Itazuri, Yoshihiro Fukuhara, Hirokatsu Kataoka, and Shigeo Morishima. What do adversarially robust models look at? *arXiv:1905.07666*, 2019.

[50] Tianyuan Zhang and Zhanxing Zhu. Interpreting adversarially trained convolutional neural networks. In *International Conference on Machine Learning (ICML)*, 2019.

[51] Dimitris Tsipras, Shibani Santurkar, Logan Engstrom, Alexander Turner, and Aleksander Madry. Robustness may be at odds with accuracy. In *International Conference on Learning Representations (ICLR)*, 2019.

[52] Simran Kaur, Jeremy Cohen, and Zachary C. Lipton. Are perceptually-aligned gradients a general property of robust classifiers? In *Neural Information Processing Systems Workshops (NeurIPSW)*, 2019.

[53] Ninghao Liu, Mengnan Du, and Xia Hu. Adversarial machine learning: An interpretation perspective. *arXiv:2004.11488*, 2020.

[54] Francesco Croce and Matthias Hein. Reliable evaluation of adversarial robustness with an ensemble of diverse parameter-free attacks. *arXiv:2003.01690*, 2020.

[55] Alexey Kurakin, Ian Goodfellow, Samy Bengio, Yinpeng Dong, Fangzhou Liao, Ming Liang, Tianyu Pang, Jun Zhu, Xiaolin Hu, Cihang Xie, Jianyu Wang, Zhishuai Zhang, Zhou Ren, Alan Yuille, Sangxia Huang, Yao Zhao, Yuzhe Zhao, Zhonglin Han, Junjiajia Long, Yerkebulan Berdibekov, Takuya Akiba, Seiya Tokui, and Motoki Abe. Adversarial attacks and defenses competition. *arXiv:1804.00097*, 2018.

[56] Wieland Brendel, Jonas Rauber, Alexey Kurakin, Nicolas Papernot, Behar Veliqi, Sharada P. Mohanty, Florian Laurent, Marcel Salathé, Matthias Bethge, Yaodong Yu, Hongyang Zhang, Susu Xu, Hongbao Zhang, Pengtao Xie, Eric P. Xing, Thomas Brunner, Frederik Diehl, Jérôme Rony, Luiz Gustavo Hafemann, Shuyu Cheng, Yinpeng Dong, Xuefei Ning, Wenshuo Li, and Yu Wang. Adversarial vision challenge. In *The NeurIPS'18 Competition*, pp. 129–153, 2020.

[57] Jiakai Wang, Aishan Liu, Zixin Yin, Shunchang Liu, Shiyu Tang, and Xianglong Liu. Dual attention suppression attack: Generate adversarial camouflage in physical world. In *IEEE Conference on Computer Vision and Pattern Recognition (CVPR)*, 2021.

[58] Ranjie Duan, Xiaofeng Mao, A. K. Qin, Yun Yang, Yuefeng Chen, Shaokai Ye, and Yuan He. Adversarial laser beam: Effective physical-world attack to DNNs in a blink. In *IEEE Conference on Computer Vision and Pattern Recognition (CVPR)*, 2021.

[59] Arianna Rampini, Franco Pestarini, Luca Cosmo, Simone Melzi, and Emanuele Rodolà. Universal spectral adversarial attacks for deformable shapes. In *IEEE Conference on Computer Vision and Pattern Recognition (CVPR)*, 2021.

[60] Ivan Evtimov, Russel Howes, Brian Dolhansky, Hamed Firooz, and Cristian Canton Ferrer. Adversarial evaluation of multimodal models under realistic gray box assumption. In *CVPR 2021 Workshop on Adversarial Machine Learning in Real-World Computer Vision Systems and Online Challenges (AML-CV)*, 2021.

[61] Yunrui Yu, Xitong Gao, and Cheng-Zhong Xu. Lafeat: Piercing through adversarial defenses with latent features. In *IEEE Conference on Computer Vision and Pattern Recognition (CVPR)*, 2021.

[62] Puneet Mangla, Vedant Singh, Shreyas Jayant Havaldar, and Vineeth N. Balasubramanian. On the benefits of defining vicinal distributions in latent space. In *CVPR 2021 Workshop on Adversarial Machine Learning in Real-World Computer Vision Systems and Online Challenges (AML-CV)*, 2021.

[63] Dongze Li, Wei Wang, Hongxing Fan, and Jing Dong. Exploring adversarial fake

images on face manifold. In *IEEE Conference on Computer Vision and Pattern Recognition (CVPR)*, 2021.

[64] Dinghuai Zhang, Tianyuan Zhang, Yiping Lu, Zhanxing Zhu, and Bin Dong. You only propagate once: Accelerating adversarial training via maximal principle. In *Neural Information Processing Systems (NeurIPS)*, 2019.

[65] Eric Wong, Leslie Rice, and J. Zico Kolter. Fast is better than free: Revisiting adversarial training. In *International Conference on Learning Representations (ICLR)*, 2020.

[66] Bai Li, Shiqi Wang, Suman Jana, and Lawrence Carin. Towards understanding fast adversarial training. *arXiv:2006.03089*, 2020.

[67] Maksym Andriushchenko and Nicolas Flammarion. Understanding and improving fast adversarial training. In *Neural Information Processing Systems (NeurIPS)*, 2020.

[68] Mahmood Sharif, Sruti Bhagavatula, Lujo Bauer, and Michael K. Reiter. Accessorize to a crime: Real and stealthy attacks on state-of-the-art face recognition. In *ACM Special Interest Group on Security, Audit and Control (SIGSAC)*, 2016.

[69] Florian Tramèr, Pascal Dupré, Gili Rusak, Giancarlo Pellegrino, and Dan Boneh. Adversarial: Perceptual ad blocking meets adversarial machine learning. In *ACM Special Interest Group on Security, Audit and Control (SIGSAC)*, 2019.

[70] Yisroel Mirsky and Wenke Lee. The creation and detection of deepfakes: A survey. *arXiv:2004.11138*, 2020.

[71] Yuezun Li, Xin Yang, Pu Sun, Honggang Qi, and Siwei Lyu. Celeb-DF: A large-scale challenging dataset for deepfake forensics. *arXiv:1909.12962*, 2019.

[72] Brian Dolhansky, Russ Howes, Ben Pflaum, Nicole Baram, and Cristian Canton Ferrer. The deepfake detection challenge (DFDC) preview dataset. *arXiv:1910.08854*, 2019.

[73] Paarth Neekhara, Shehzeen Hussain, Malhar Jere, Farinaz Koushanfar, and Julian McAuley. Adversarial deepfakes: Evaluating vulnerability of deepfake detectors to adversarial examples. *arXiv:2002.12749*, 2020.

[74] Apurva Gandhi and Shomik Jain. Adversarial perturbations fool deepfake detectors. In *International Joint Conference on Neural Networks (IJCNN)*, 2020.

[75] Nicholas Carlini and Hany Farid. Evading deepfake-image detectors with white- and black-box attacks. *arXiv:2004.00622*, 2020.

[76] Nataniel Ruiz, Sarah Adel Bargal, and Stan Sclaroff. Disrupting deepfakes: Adversarial attacks against conditional image translation networks and facial manipulation systems. *arXiv:2003.01279*, 2020.

ふくはら よしひろ（株式会社エクサウィザーズ／早稲田大学）

フカヨミ 画像生成
話題の Transformer はどう使われるのか !?

■秋本直郁

1 はじめに

2022 年現在，自然言語処理（natural language processing; NLP）領域で多くの成果を出した Transformer が，コンピュータビジョン（CV）領域でも頻繁に使用されるようになっています。ディープラーニングの発展のきっかけの1 つとなったのが，CV 領域の代表的な問題である物体認識に対して畳み込みニューラルネットワーク（convolutional neural network; CNN）を用いた手法ですが，この CNN さえも不要にするかもしれないと注目を集めているのが，Transformer を使用した Vision Transformer（ViT）です。画像を扱うためのTransformer であるこの ViT は，物体認識をはじめとして，いくつかの CV 問題において良い性能を達成しており，CV 研究コミュニティの高い関心を集めています。一方で，画像生成という研究領域においては，Transformer はどのように役立つでしょうか？ 本稿では，これまでの事例の紹介と代表的な論文の詳細な解説を通して，画像生成における Transformer の使われ方を考えたいと思います。

画像生成における Transformer の代表的な使われ方には，Transformer を自己回帰生成モデルとして利用する方法があります。NLP での Transformer が文章を生成する際に，これまで生成した単語を入力して次に続く単語を推定するということを繰り返すように，隣り合うピクセルを順に推定する方法です。代表的な研究には，OpenAI による Image GPT [2] があり，ピクセルの代わりに潜在変数（latent code）を推定する方法に Taming-transformers [3] があります。後者に関しては，後ほど詳しく解説します。本来 ViT は識別ネットワークとして利用されますが，画像生成モデルでも一部に識別ネットワークが利用されるため，画像生成モデルの一部に ViT を導入するという利用方法も考えられます。また，文章を処理するネットワークとして Transformer を利用する，テキストとのマルチモーダルな画像生成方法 [1, 4] もあります（図 1）。

以下では，Taming-transformers について論文解説を行います。

図1 DALL-E [1]。「an armchair in the shape of an avocado」という入力テキストから画像を生成。https://openai.com/blog/dall-e/ より引用。

2 Taming-transformers

ここでは，CVPR2021 においてオーラル発表された，"Taming-transformers for High-resolution Image Synthesis" を紹介します。この研究には次のような特徴があります。

- Transformer を使った画像生成手法において，メガピクセル級の高解像度画像を生成できるようになった。
- 条件なしの生成にも条件付きの生成にも使える汎用的なフレームワークになっている。
- コンテキストに合わせた生成ができ，多様な種類の出力を生成することができる。

条件なしの生成とは，StyleGAN のような，ランダムな変数を画像に変換する生成方法を意味します。一方で，条件付きの生成とは，Pix2Pix のような，セグメンテーションマップなどの入力条件に従って画像を生成するアプローチを意味し，Taming-transformers では図2のような生成をすることができます。図からわかるように，1つの入力から多様な出力を得ることができます。それぞ

図2 セマンティックセグメンテーションマップから画像への変換。文献 [3] の Fig. 25 の一部を切り取り。

れの出力結果は見た目が大きく異なりますが，いずれも人の目に自然に映るものとなっています。また，ディスプレイに表示して見る分には十分な解像度をもって生成されており，言われないと生成された風景だと気づかない人もいるかもしれません。

　この研究以前には，OpenAI によって提案された Image GPT（iGPT）がありました。このモデルはピクセルの並びを Transformer に学習させた自己回帰モデルで，図 3 のように，画像の上半分に続くピクセルを補完（image completion）することができます。この手法の良さは，入力された画像のコンテキストを把握し，かつそれに合わせて多様な形状の物体を不自然さなく生成できることでしょう。

　しかしながら，iGPT には解像度に 64×64 という限界がありました。これは，解像度に比例して計算量が指数関数的に増えてしまうことが原因です。2 次元の画像を 1 次元のシーケンスとして見なして Transformer に入力する場合を考えると，64×64 の画像から縦横ともにその 2 倍の 128×128 の画像に拡大すると，Transformer に入力されるシーケンス長は 4 倍になり，さらに Transformer の内部にある Self-attention ではそれのさらに 2 乗倍になってしまいます。コンテキストに合わせつつ多様な生成ができるという iGPT の長所を生かしつつ，このような解像度の限界を乗り越えたのが Taming-transformers です。

　この論文で提案されたソリューションは，2 段階での画像のモデリングです。1 段階目では，ピクセルに替わる画像表現として，Context-rich Vocabulary で画像を表現できるようにし，2 段階目で，Transformer がこの Context-rich Vocabulary の並びを学習するという方法です。この Context-rich Vocabulary は，後に紹介

図 3　Image GPT。https://openai.com/blog/image-gpt/ より引用。

する方法で画像特徴ベクトルを量子化したものであるため，Transformerを使って Vector-quantized image modeling を行ったと言い換えることもできます。また，論文では，このように2段階構成にした目的を，CNNとTransformerのいいとこ取りをするためともいっています。Context-rich Vocabulary は，CNNを使って獲得されます。CNNは局所領域の関連性を見るという帰納バイアス (inductive bias) を含んでいるため，効率の良い計算が行えます。一方で，大域的 (global) に関連を見るTransformerにはそのようなバイアスがないため計算量が多いですが，表現力が豊かであるという性質があります。Taming-transformers は，CNNによって局所的なビジュアルパーツをContext-rich Vocabularyとしてモデリングし，Transformerによって画像の大域的な構成をモデリングするというアプローチにより，両者の良さを取り入れています。以下では，その方法をより詳細に説明します。

2.1 手法の概要

まず，手法の概要から説明します。学習時の概要を図4に示します。Taming-transformers は，VQGANとTransformerの2種類のネットワークを使用します。Transformerに入力されるものは，単語のように離散的なものであると都合が良いため，VQGANは離散的な特徴量を獲得するためのネットワークになっています。その離散的な特徴量の組はCodebookとして登録されます。VQGANはオートエンコーダー構造で，エンコーダーとデコーダーのCNNから構成されています。特徴的な点として，エンコードされた特徴量を量子化 (quantization) するための機構が含まれています。したがって，VQGANでは，画像を入力すると，エンコード，量子化，デコードという流れでそれを再構成し，入力画像と再構成画像が一致するようにネットワークを学習することになります。この

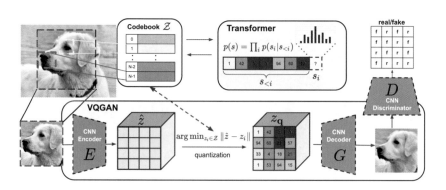

図4　手法の概要。VQGANとTransformerの2種類のネットワークで構成される。文献 [3] の Fig. 2 より引用。

処理自体は，先行手法の VQVAE [5] と同じ処理となっています。

VQVAE では，画像の離散表現を学習するアプローチが提案されています（図5）。なぜ離散表現を獲得したいかというと，後段の処理での画像モデリングで利用される自己回帰生成モデルの入出力には，離散値であることが望ましいからです。この離散表現の獲得と自己回帰生成モデルという 2 段階の方法は，Taming-transformers と同様です。しかし，VQVAE [5] での自己回帰生成モデルは CNN をベースにしたものであり，Transformer ではありません。VQVAE は，エンコードされた特徴量を埋め込み空間（embedding space）に登録されたベクトルのうちで最も近いものに置き換えるという処理があります。埋め込み空間に登録されたベクトルの個数は，あらかじめ決定しておきます。このような置き換え処理がエンコーダー・デコーダー（encoder-decoder）ネットワークの中間層にあることで，一見誤差逆伝搬が行えないように見えますが，置き換え前後で勾配をコピーすることで，エンドツーエンドの学習を実現しています。まとめると，VQVAE は学習方法をうまく工夫し，離散的な特徴量を獲得します。この特徴量の個数は決められたものであるため，それぞれに番号を割り振ることができます。繰り返しになりますが，Taming-transformers では，この離散ベクトルを Vocabulary または Code と呼び，その集合を Codebook と呼んでいます。VQGAN に話を戻すと，VQGAN は VQVAE に識別器（discriminator）を追加したものです。

学習の順番としては，まず VQGAN を学習して Codebook を確定し，その Codebook を使って Transformer を学習します。本来の Transformer はエンコーダーとデコーダーから構成されますが，Taming-transformers はエンコーダーのみのネットワーク構造です。

推論時の画像生成の方法を図 6 に示します。まず Transformer を用いた自己回帰生成モデルによって Code の並び（シーケンス）を予測し，CNN を使った VQGAN によって，その Code を画像へデコードします。したがって，Code によってどのような画像が生成されるかが決まります[1]。ランダムな Code の並びではノイジーな画像が出力されるため，意味のある並びである必要があります。そのため，Transformer がその意味のある並びを予測できるように学習できていることが必要となります。

[1] Code は潜在変数に相当します。

2.2　学習方法

ここでは，ネットワーク学習の方法をより詳細に説明します。VQGAN はすでに説明したとおり，画像 x を受け取り，エンコーダー E によって特徴量とし，さらにその特徴量を量子化（$\mathbf{q}$）します。続けて，この離散化された特徴ベクトル $z_\mathbf{q}$ をデコーダー G に通すことにより，復元画像 $\hat{x}$ を出力します。この一連

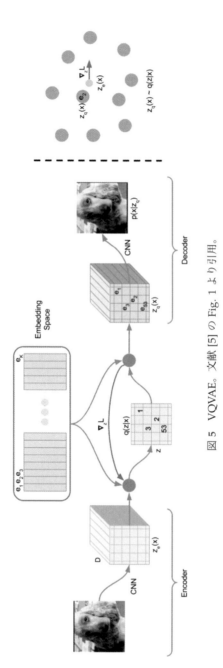

図 5　VQVAE。文献 [5] の Fig. 1 より引用。

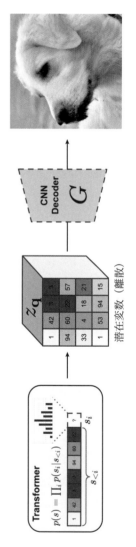

図 6　推論時の流れ。文献 [3] の Fig. 2 をもとに作成。

の流れを式に表すと,

$$\hat{x} = G(z_{\mathbf{q}}) = G\left(\mathbf{q}(E(x))\right) \tag{1}$$

となります。離散化された特徴ベクトルを得るための量子化は,特徴ベクトルを Codebook に登録されたベクトルのいずれかに置き換える処理として,次の式で定義されます。

$$z_{\mathbf{q}} = \mathbf{q}(\hat{z}) := \left(\arg\min_{z_k \in \mathcal{Z}} \|\hat{z}_{i,j} - z_k\|\right) \in \mathbb{R}^{h \times w \times n_z} \tag{2}$$

上式は,特徴ベクトルの並びのうち,(i, j) の位置にあるベクトル $\hat{z}_{i,j}$ を Codebook $\mathcal{Z}$ のうちで最も距離が近い z_k に置き換えるということを意味します。また,h と w は図 6 の $z_{\mathbf{q}}$ のように縦横の Code の個数をそれぞれ表し,n_z は Code の次元数を表します[2]。次の式 (3) が目的関数です。識別器による真偽判定の誤差によって,復元画像の質を向上させています。

[2] つまり $z_k \in \mathbb{R}^{1 \times 1 \times n_z}$。

$$Q^* = \arg\min_{E,G,\mathcal{Z}} \max_D \mathbb{E}_{x \sim p(x)} \left[\mathcal{L}_{\mathrm{VQ}}(E, G, \mathcal{Z}) + \lambda \mathcal{L}_{\mathrm{GAN}}(\{E, G, \mathcal{Z}\}, D) \right] \tag{3}$$

$$\mathcal{L}_{\mathrm{GAN}}(\{E, G, \mathcal{Z}\}, D) = \left[\log D(x) + \log(1 - D(\hat{x})) \right] \tag{4}$$

$$\mathcal{L}_{\mathrm{VQ}}(E, G, \mathcal{Z}) = \|x - \hat{x}\|^2 + \|\mathrm{sg}[E(x)] - z_{\mathbf{q}}\|_2^2 + \|\mathrm{sg}[z_{\mathbf{q}}] - E(x)\|_2^2 \tag{5}$$

$\mathcal{L}_{\mathrm{GAN}}$ は一般的な GAN と同じです。$\mathcal{L}_{\mathrm{VQ}}$ は VQVAE で提案された方法と同じで,右辺は順に画像再構成の項と,Codebook を更新する項,エンコーダーを更新する項です。また,sg は勾配を伝搬しないという処理（stop gradient）を意味します。

次に,Transformer の学習方法について説明します。Transformer は,Code を入出力として直接扱うのではなく,その Code に対応するインデックスを入出力として扱います。式 (6) は,インデックスのシーケンス s のうち,位置 ij のインデックスに k を割り振ることを表しています。

$$s_{ij} = k \text{ such that } (z_{\mathbf{q}})_{ij} = z_k \tag{6}$$

図 4 では,インデックスが 1 次元で $s_{<i}$[3] と書かれていますが,これは画像を表すように 2 次元で並んだインデックス s を 1 次元にフラット化したものであることに注意が必要です。繰り返しになりますが,これは,$z_{\mathbf{q}}$ の位置 (i, j) のベクトルを z_k に置き換えるとき,その位置のインデックスは k であるということを意味します。Transformer は,インデックス $s_{<i}$ のシーケンスに続く次の s_i が Codebook のうちのいずれかを予測するモデルとして学習するので,クラス予測問題と同様に交差エントロピー損失（cross entropy loss）で学習できま

[3] i 番よりも前の位置にあるシーケンス。

す。尤度を $p(s) = \prod_i p(s_i|s_{<i})$ とすると，Transformer を学習するための損失関数は次のようになります。

$$\mathcal{L}_{\text{Transformer}} = \mathbb{E}_{x \sim p(x)} \left[-\log p(s) \right] \tag{7}$$

　推論を行うとき，Transformer は，これまで予測してきたインデックスのシーケンス $s_{<i}$ を入力として，次の s_i が Codebook にある Code のどれであるかを確率として出力することで，最もふさわしい Code のインデックス k を決定します。この処理を，画像を構成するのに必要な Code の個数に達するまで繰り返します。

　以上は条件なしの設定（Unconditioning 設定）の場合についてでした。条件付きの設定（Conditioning 設定）の場合，たとえばセグメンテーションマップから画像へと変換する場合には，尤度は次式のようになります。

$$p(s|c) = \prod_i p(s_i|s_{<i}, c) \tag{8}$$

実装上では，推定するシーケンスの前に，条件から得られるシーケンスを追加します。したがって，Transformer は条件のシーケンスを読み込み，続いて生成途中のシーケンスも読み込み，次のインデックスを予測します。条件のシーケンスとは，クラス条件付き生成タスクではクラスの Code のことで，画像を条件とする場合には，条件画像をエンコードして得られるシーケンスです。この条件画像のシーケンスを得るために，もう 1 つの VQGAN を学習し，条件画像用の Codebook を用意する必要があります。したがって，画像を条件とする条件付き設定では，2 つの VQGAN と 1 つの Transformer をネットワークとして使用します。どのような Codebook サイズを使用するかや，画像をどの程度ダウンサイズした特徴量にするかなどは，データセットなどによって異なります。

2.3　推論時の工夫

　ピクセルではなく Vocabulary を Transformer が扱うことで，先行手法よりも大きい解像度の画像を扱えるようにしたとはいえ，Vocabulary のシーケンス長が大きくなりすぎると，一般的な GPU のメモリ容量では扱えません。Taming-transformers では，より大きい解像度の画像を生成するための工夫として，Sliding attention window と呼ばれる方法が提案されています（図 7）。この方法は，大きな画像の一部のパッチ領域を Transformer に入力して推論を行うことを，位置を徐々にずらしながら繰り返し，最終的には画像全体の推論を行う方法です[4]。ウィンドウをどの方向や順番で動かすとよいのかを調べる

[4] たとえば，1024×840 の画像サイズの生成を行う場合でも，一度の推定で Transformer に入力する画像領域を常に 256×256 に固定します。

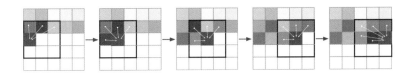

図 7　Sliding attention window [3]。文献 [3] の Fig. 3 より引用。

実験も行っており，結論としてはよく知られたラスタスキャンと同じ順序で画像全体を走査するとよいと主張されています。図 8 は，高解像度画像を生成する際の Sliding attention window の途中経過を表しています。左上から順に推定していき，上部 4 割程度は推定済みですが，その下はまだ Vocabulary が推定されていないため，画像へとエンコードした際にノイズのようになっています。

まだ Transformer による Code の並びの推定が行われていない

図 8　Sliding attention window を使用し，高解像度画像（1024×672）を生成する処理の途中経過。GitHub 上の公開コードより作成。

2.4　実験

図 9 に実行例を示します。セグメンテーションマップから画像へ変換するPix2Pix で可能な画像変換タスクを，同じように処理できています。また，Transformer によって学習されている分布からサンプリングを行うことにより，複数の生成結果を得ることができています。

また，条件付けを行わずに画像を生成する場合の結果を図 10 に示します[5]。Sliding attention window を使うことによって，パノラマ画像のように横長の画像を生成することもできます。

文献 [3] では，提案手法に対する分析の 1 つとして，画像から Vocabulary へとエンコードする際に，どの程度のスケールダウンを行うのがよいかを検証しています（図 11）。より広い範囲をエンコードして，より多くのコンテキスト

[5] LSUN Churches と LSUN Towers というデータセットを学習に用いています。

条件画像 生成結果

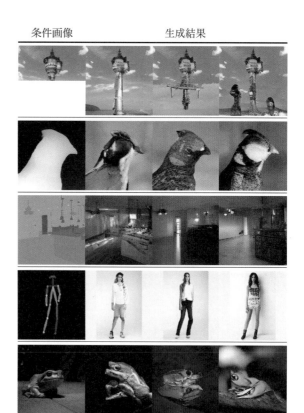

図9 条件付き設定の生成結果。左列が条件画像であり，カエルのみは画像で
はなくクラスが条件。文献 [3] の Fig. 4 より引用。

図10 条件なし設定での生成結果（928×304）。文献 [3] の Fig. 27 の一部を
切り取り。

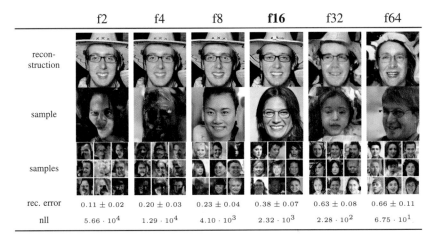

	f2	f4	f8	**f16**	f32	f64
recon-struction						
sample						
samples						
rec. error	0.11 ± 0.02	0.20 ± 0.03	0.23 ± 0.04	0.38 ± 0.07	0.63 ± 0.08	0.66 ± 0.11
nll	$5.66 \cdot 10^4$	$1.29 \cdot 10^4$	$4.10 \cdot 10^3$	$2.32 \cdot 10^3$	$2.28 \cdot 10^2$	$6.75 \cdot 10^1$

図 11　down-sampling factor f の違いが再構成画像と生成画像に与える影響の検証。たとえば，$f32$ は 256×256 の画像を 8×8 の Codes にエンコードすることを表す。文献 [3] の Fig. 8 の一部を切り取り。

情報を含んだ特徴量を獲得すると，サンプリングされる生成画像の質が上がりますが，あまりに広くすると（図 11 の例では $f32, f64$），つまり大きすぎる圧縮率になってしまうと，再構成が行えなくなります。使用するデータセットごとに適切なスケール設定は異なりますが，$f16, f32$ が良いようです。

2.5　結論

　Transformer を使った画像生成には計算量の観点から扱える解像度に限界があるという課題に対して，Taming-transformers は，VQGAN を用いてコンテキストを豊富に含む離散表現を獲得し，Transformer がピクセルの代わりにこの表現を用いて画像をモデリングすることで，高解像度画像を生成できることを示しました。一方で，Transformer の自己回帰による推論には，このような高解像度画像 1 枚の生成に数十秒かかるという課題が残っています。

3　おわりに

　ここまで，Taming-transformers について詳細に見てきました。この研究のポイントは，Transformer を画像全体のモデリング方法として活用しつつ，各ピクセルは Transformer によって推定していないという点です。もちろん小さい画像として推定してから高解像度化する方法も考えられますが，画像生成における Transformer は，特徴量のモデリングや生成のための認識処理，テキスト情報の処理など，生成モデルの一機能を担う役割を果たし，ピクセルを生成

するジェネレーターやレンダラーとセットで使用されていくのではないかと考えられます。

参考文献

[1] Aditya Ramesh, Mikhail Pavlov, Gabriel Goh, Scott Gray, Chelsea Voss, Alec Radford, Mark Chen, and Ilya Sutskever. Zero-shot text-to-image generation. *arXiv preprint arXiv:2102.12092*, 2021.

[2] Mark Chen, Alec Radford, Rewon Child, Jeffrey Wu, Heewoo Jun, David Luan, and Ilya Sutskever. Generative pretraining from pixels. In *International Conference on Machine Learning*, pp. 1691–1703. PMLR, 2020.

[3] Patrick Esser, Robin Rombach, and Bjorn Ommer. Taming transformers for high-resolution image synthesis. In *Proceedings of the IEEE/CVF Conference on Computer Vision and Pattern Recognition*, pp. 12873–12883, 2021.

[4] Or Patashnik, Zongze Wu, Eli Shechtman, Daniel Cohen-Or, and Dani Lischinski. Styleclip: Text-driven manipulation of stylegan imagery. In *Proceedings of the IEEE/CVF International Conference on Computer Vision (ICCV)*, pp. 2085–2094, October 2021.

[5] Aaron van den Oord, Oriol Vinyals, and Koray Kavukcuoglu. Neural discrete representation learning. *arXiv preprint arXiv:1711.00937*, 2017.

あきもと なおふみ（ソニーグループ株式会社）

ニュウモン Visual SLAM
CV界の総合格闘技に挑戦！

■櫻田健

Visual SLAM は，センサの位置姿勢と周辺環境地図をリアルタイムに認識する技術として，コンピュータビジョンや XR[1]，ロボティクスなどの分野で発展してきました。近年では，シーンの意味的な理解と合わせて *Spatial AI* と呼ばれ，以前にも増して注目を集めています [1, 2]。身近な例として，家庭用掃除ロボットの多くには，部屋の間取りを認識して効率的に掃除を行うために SLAM 技術が搭載されています。ほかにも，自動運転車や AR アプリなど応用範囲は多岐にわたり，その広がりは今後もさらに加速していきます。SLAM にはカメラや LiDAR，Radar，Wi-Fi などさまざまなセンサを用いた枠組みが存在しますが，本稿では，単眼カメラの Visual SLAM について，発展の歴史と基礎を解説します。

[1] cross reality, extended reality。AR，VR，MR，SR の総称。

1 画像を用いた空間認識の必要性

本節では，まず，画像を用いた自己位置推定と地図構築について概説します。基本的に，画像から構築した地図[2] は 3D 点群で表されます[3]。マップの構築，および，それらを用いたカメラの位置姿勢の推定がどのような場面で必要とされるかを，代表的な例を取り上げて説明します。さらに，画像を用いた 3 次元再構成の枠組みとして一般的に知られている Structure from Motion（SfM）と Visual SLAM の違いについても簡単に触れます。

[2] 地図をマップ，地図構築をマッピングと呼びます。

[3] 本稿で主に扱う特徴点ベースの手法では，特徴量を有する 3D 点群でマップを表現しますが，その表現方法は直線群，矩形領域，メッシュなど多岐にわたります。

1.1 自己位置推定と地図構築

私たち人間は，周囲の物を認識することで，自分の位置と向いている方向を推定できます。人は古くから，天体と水平線の角度を計測する天測航法で地球上の自身の位置を測定しながら，さまざまな場所を旅してきました。近年では，GPS[4] ナビゲーションの普及により，空間的な位置関係を意識する必要性が低下しつつありますが，日常生活の多くの場面では，建物や看板，標識などを目印（ランドマーク）として利用しながら目的地へ移動しています。

天測航法のように空間のマップが既知であれば，複数のランドマークの位置

[4] Global Positioning System（GPS）は米国が開発したシステムです。衛星測位システムの総称は Global Navigation Satellite System（GNSS）ですが，GPS で総称されることもあります。

関係により，自身の位置姿勢を推定（localization）することができます。逆に，自身の位置姿勢が既知であれば，ランドマークの位置を推定（mapping）することができます。この鶏と卵の関係にある未知変数を同時に解く枠組みが，Simultaneous Localization and Mapping（SLAM）です。SLAM には，カメラを利用する Visual SLAM のほかに，レーザーセンサを用いる LiDAR SLAM [3, 4] や，雪などの気象条件に影響されにくいレーダーセンサを用いる RadarSLAM [5, 6]，Wi-Fi の信号強度を利用する WiFi-SLAM [7] など，さまざまな種類が提案されています。

　SLAM という言葉は，広義には「センサの位置姿勢とマップを同時推定」する問題あるいはその枠組み，という言葉どおりの意味で用いられます。そのため，3.8 項で紹介する Structure from Motion（SfM）[8] のように，得られた画像をまとめて処理し全体最適化を行う枠組みも含まれます。一方で，狭義には，動画を対象とする Visual SLAM のように「センサの位置姿勢とマップをリアルタイムで逐次的に推定」することを意味します[5]。表 1 に SfM と Visual SLAM の比較を示します。SfM と Visual SLAM は，基本的なカメラ幾何や最適化手法は共通ですが，後者はリアルタイム性を実現するために，カメラの微小移動仮定による対応点探索の高速化（4.3 項），キーフレーム導入による最適化パラメータの削減（4.2 項），ループクロージング（4.5 項）による効率的な全体最

5) ただし，オンライン SfM のように中間的な枠組みも存在するため，あくまで分類の一例であることに注意してください。

表 1　SfM と Visual SLAM の比較（文献 [9] から引用）

	対象データ	最適化（誤差の修正）	特　徴
SfM	未整列画像（他も可）	global BA（全フレーム）	オフライン処理による高精度な復元（全画像対のマッチングなど）
Visual SLAM	動画	local BA ＋ループクロージング（キーフレームのみ）	計算量削減によるリアルタイム処理（微小移動仮定，キーフレーム導入，ループクロージングなど）

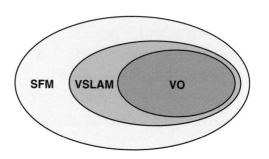

図 1　SfM，Visual SLAM，VO の関係性（画像は文献 [10] から引用）

適化など，計算量を削減するためにさまざまな工夫が施されています[6]。その
ため，Visual SLAM を SfM の特殊形と考えて，SfM $\supseteq$ Visual SLAM $\supseteq$ Visual
Odometry（VO），と分類する場合もあります（図 1）。

[6] リアルタイム性を実現する
ためのこれらの工夫が，各処
理を有機的に結び付け，Visual
SLAM のプログラムを複雑化
してしまう要因の 1 つになっ
ています。

1.2　画像を用いた 3 次元地図構築の必要性

　まず，画像を用いた 3 次元マッピングの必要性を考えるために，外界センサ
としてのカメラ（イメージセンサ）の長所と短所を整理します。

✓高い普及率

　カメラは LiDAR などと比較して，小型かつ軽量，低消費電力，低コストであ
るため，日常生活のあらゆる場面で利用されています。スマートフォンやドラ
イブレコーダーにも搭載され，人や車とともに移動して広域の情報を取得でき
るため，データ収集コストも低く抑えられます。

✓高い空間・時間解像度

　撮影対象の情報を，レンズなどの光学系を通して CCD や CMOS といった半
導体素子上で結像させ，電気信号に変換することで画像データを取得します。
このイメージセンサの原理と製造技術の発展により，LiDAR などと比較して高
解像度かつ高周期にデータを取得することが可能になっています。

✓豊富な情報量

　弁別的なテクスチャ情報を利用すると，VPS（visual positioning system）の
ように，その場の風景をカメラで撮影するだけで，事前に作成したマップから
カメラの 6 自由度の位置姿勢を推定できます。さらに，人間の眼と同じ可視光
領域の情報を密な 2 次元配列として取得できるため，カメラ姿勢や 3 次元形状
のような幾何的な情報だけではなく，物体認識や説明文生成など，より高度な
シーン認識が可能です。

✗照明条件の変化に対する脆弱性

　パッシブセンサとしてのカメラから得られる画像情報は，環境の照明条件に
大きく依存します（天候，時間帯，屋内外，対向車のヘッドライトなど）。たと
えば，先に述べた VPS を夜間に屋外で利用する場合，日中に撮影した画像から
マップを作成すると，（太陽光や街灯により）街の見た目が大きく変化するため，
SIFT や ORB のような従来の局所特徴量では対応点が十分に得られず，正確な
位置姿勢の推定が難しくなります（図 2）。このような照明条件の変化に対処す
る方法として，シーンの形状を密に推定して形状ベースのマッチングを行う手
法や，深層学習ベースの手法などが提案されています。

図2　照明条件や視点の違いによる見えの変化の例（画像は文献 [11] から引用）

✗ テクスチャの環境依存性

シーンのテクスチャが少なければ，画像から得られる情報も少なくなります。特に狭い屋内環境では顕著で，カメラの視点によっては壁しか映らず，そこに十分なテクスチャがなければ，正確な位置姿勢や 3 次元形状の推定は困難です。この問題に対し，直接法では，コーナー点以外の画素値を利用することで，特徴点ベースの手法よりも高い頑健性を実現します（2.3 項）。別のアプローチとして，直線や平面を利用する方法や，検出した物体をランドマークとする方法なども提案されています [12, 13, 14]。さらに，ハードウェア的な制約を緩めて，画角の広い魚眼・全方位カメラを用いる方法や，ジャイロセンサや加速度センサなどを搭載した IMU（inertial measurement unit; 慣性計測装置）を用いてロバスト性を向上させる VIO（visual-inertial odometry），VISLAM（visual-inertial SLAM）の研究開発も広く行われています[7] [15, 16, 17]。

[7] また，テクスチャが豊富でも，階段や廊下のような繰り返し構造が，誤ったループ検出やリローカリゼーションを誘発するため，Wi-Fi やビーコン，気圧センサなどの異なる情報を統合することも可能です。

✗ 高い計算コスト

画像およびそれらが連続する動画は，他のセンサ情報と比較してデータサイズが大きく，処理するための計算量も膨大になります。この課題を解決するため，画像データを高速に処理する研究開発は古くから活発に行われており，SIMD 命令や GPU を利用した処理の高速化，先述の計算量の削減など（表 1）により，スマートフォンのようなモバイル端末でもリアルタイム処理を実現しています。

上記に示した長所からわかるように，カメラを用いた 3 次元マッピングの技術的，産業的な有用性は高く，社会のさまざまな場面で活用できます。たとえば，配車サービスなどにおいて，事前に街並みを撮影し 3 次元マップを作成すれば，高い建物が多く GPS の位置情報に誤差が発生しやすい環境でも，スマートフォンを利用して周囲を撮影するだけで，自分が道路に対してどちら側の歩道に立っているかを簡単にアプリに伝えることができます。ロボットにおいても同様で，自身あるいは他のエージェントが作成した 3 次元マップを利用する

ことで，推定した自己位置から行動計画を作成できます。

また，拡張現実（AR）では，AR ヘッドセットやスマートフォンに搭載されているカメラを利用して6自由度の姿勢と3次元マップを推定し，現実の映像に対して CG を適切に配置・表示することができます（たとえばオクルージョン[8]や接触の判定）。それらのデバイスには IMU も搭載されており，VISLAM により実スケールの推定が可能です。そのため，定規や家具レイアウトシミュレータとして利用する AR アプリも数多く存在します。

安全性の観点から高いロバスト性が要求される自動運転車においても，デバイスのコストの低さと耐久性・汎用性の高さから，Visual SLAM の研究開発が活発に進められています。カメラは，歩行者や障害物，白線の認識など，運転支援の目的でもすでに幅広く実用化されており，その既存システムを活用して自己位置推定と環境認識を行うことができれば，開発や生産のコストを大幅に削減できます。

これらのような移動体のカメラから得られるオンライン空間ビッグデータを統合し，広域かつ動的な3次元マップを作成することで，自動運転やサービスロボット，AR などに必要な空間データインフラを構築できます。つまり，空間を活用したさまざまなサービスを生み出し「空間の多価値化」が可能になります。

2　Visual SLAM の概要

本節では，まず，SLAM を一般的な非線形最小2乗の問題として定式化します。次に，Odometry（オドメトリ）と SLAM を比較することで，SLAM の重要な特性を空間的なトポロジーの観点から理解します。最後に，単眼カメラを利用する Visual SLAM の発展の歴史について概説します。具体的には，現在最も実用的に用いられている特徴点ベースの手法，画素の輝度値を比較する直接法（direct method），深層学習により従来の枠組みを改善，または end-to-end で学習する手法について簡単に紹介します[9]。

2.1　SLAM 問題の定式化

まず，SLAM を最大事後確率推定（maximum a posteriori（MAP）estimation）として定式化します。詳細については，非常にわかりやすくまとめられた文献 [18, 19] を参照してください。

センサ姿勢や3次元マップなどの推定したい状態変数を $\mathbf{x} = \left[\mathbf{x}_1^\mathsf{T}, \ldots, \mathbf{x}_m^\mathsf{T}\right]^\mathsf{T}$，カメラや距離センサなどの観測情報を $\mathbf{z} = \left[\mathbf{z}_1^\mathsf{T}, \ldots, \mathbf{z}_n^\mathsf{T}\right]^\mathsf{T}$ とすると[10]，SLAM は，観測 $\mathbf{z}$ が与えられたときに $\mathbf{x}$ の事後確率 $p(\mathbf{x}|\mathbf{z})$ が最大となる $\hat{\mathbf{x}}$ を推定する問題と捉えることができます。

8) 手前の物体が後ろの物体を遮蔽すること。

9) 本節の一部に初学者には難しい内容も含まれます。3 節以降の内容を学習する上で大きな影響はないので，難しいと感じた部分は適宜スキップしてください。

10) 縦ベクトルを表現するために転置しています。

$$\hat{\mathbf{x}} = \underset{\mathbf{x}}{\operatorname{argmax}}\, p(\mathbf{x}|\mathbf{z}) \tag{1}$$

しかし，$p(\mathbf{x}|\mathbf{z})$ を直接モデル化（図 3 (a)）することは難しいため，ベイズの定理を利用して，$\mathbf{z}$ の事後確率 $p(\mathbf{z}|\mathbf{x})$ をモデル化します。

$$\hat{\mathbf{x}} = \underset{\mathbf{x}}{\operatorname{argmax}}\, \frac{p(\mathbf{z}|\mathbf{x})p(\mathbf{x})}{p(\mathbf{z})} = \underset{\mathbf{x}}{\operatorname{argmax}}\, p(\mathbf{z}|\mathbf{x})p(\mathbf{x}) \tag{2}$$

$p(\mathbf{z})$ は観測 $\mathbf{z}$ の事前分布を表し，$\mathbf{x}$ に依存しない定数です。図 3 (b) に示すように，画像の場合，$p(\mathbf{z}|\mathbf{x})$ はカメラの投影モデル (3.2 項) で簡単に表現できます[11]。

観測モデルを $f(\mathbf{x})$，観測誤差を $\boldsymbol{\epsilon}$ とすると，各観測は $\mathbf{z}_k = f_k(\mathbf{x}) + \boldsymbol{\epsilon}_k$ と表すことができます。後ほど詳しく説明する特徴点ベースの Visual SLAM や SfM では，$\mathbf{z}$ は画像上の 2D 点，$\mathbf{x}$ は最適化対象のカメラ姿勢と 3D 点，$f(\mathbf{x})$ は復元した 3D 点を画像上に再投影するモデルを表します（図 3 (b)）。同様に，LiDAR

[11] 本稿では詳しく扱いませんが，ニューラルネットワークなどの機械学習手法では，$p(\mathbf{x}|\mathbf{z}; \boldsymbol{\theta})$ を直接モデル化し，大量のデータからそのモデルパラメータ $\boldsymbol{\theta}$ を学習していると解釈できます。

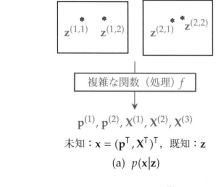

(a) $p(\mathbf{x}|\mathbf{z})$

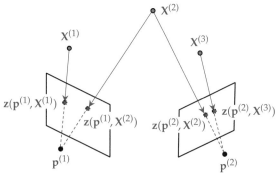

※ $f(\mathbf{x}^{(i,j)}) = \mathbf{z}(\mathbf{p}^{(i)}, \mathbf{X}^{(j)})$ は単純な投影関数
未知：$\mathbf{z}$，既知：$\mathbf{x} = (\mathbf{p}^{\mathsf{T}}, \mathbf{X}^{\mathsf{T}})^{\mathsf{T}}$

(b) $p(\mathbf{z}|\mathbf{x})$

図 3　変数とモデルの関係の例。(a) $p(\mathbf{x}|\mathbf{z})$：観測 $\mathbf{z}$ が得られたときに状態 $\mathbf{x}$ である確率，(b) $p(\mathbf{z}|\mathbf{x})$：状態 $\mathbf{x}$ であるときに観測 $\mathbf{z}$ が得られる確率。（文献 [9] から引用）

SLAM においても，たとえば，$\mathbf{z}$ はセンサから得られる距離情報，$\mathbf{x}$ は最適化対象のセンサ姿勢とマップ，$f(\mathbf{x})$ はセンサ姿勢とマップから距離情報へ変換するモデルとして定式化できます。

一般的な SLAM の問題では，各観測 $\mathbf{z}_k$ は独立，かつ一部の状態変数 $\mathbf{x}_k$ のみに依存すると仮定できるため，式 (2) は以下のように近似できます。

$$\hat{\mathbf{x}} = \underset{\mathbf{x}}{\mathrm{argmax}}\ p(\mathbf{x}) \prod_{k=1}^{m} p(\mathbf{z}_k|\mathbf{x}_k) \tag{3}$$

$p(\mathbf{x})$ は状態 $\mathbf{x}$ の事前分布です。$\mathbf{x}$ についていっさいの事前知識が得られなければ，$p(\mathbf{x})$ は定数（一様分布）となり，最大事後確率推定は最尤推定（maximum likelihood estimation; MLE）となります。

次に，状態 $\mathbf{x}_k$ において観測 $\mathbf{z}_k$ が得られる確率 $p(\mathbf{z}_k|\mathbf{x}_k)$ を具体的にモデル化するため，観測誤差 $\boldsymbol{\epsilon}_k$ を平均 $\mathbf{0}$，共分散行列 Σ_k のガウス分布と仮定すると，

$$p(\mathbf{z}_k|\mathbf{x}_k) \propto \exp\left(-\frac{1}{2}\|f_k(\mathbf{x}_k) - \mathbf{z}_k\|_{\Sigma_k}^2\right) \tag{4}$$

のように，観測尤度に比例する形で表現できます。つまり，観測モデルと実際の観測における差分[12] $\mathbf{e}_k = f_k(\mathbf{x}_k) - \mathbf{z}_k$ に対して，精度行列 $W_k = \Sigma_k^{-1}$ で重み付けした距離[13]の 2 乗値から観測尤度を計算できます。

$$p(\mathbf{z}_k|\mathbf{x}_k) \propto \exp\left(-\frac{1}{2}\mathbf{e}_k^\mathsf{T} W_k \mathbf{e}_k\right) \tag{5}$$

最後に，$\mathbf{e}_0 = f_0(\mathbf{x}) - \mathbf{z}_0$ として事前分布を

$$p(\mathbf{x}) \propto \exp\left(-\frac{1}{2}\mathbf{e}_0^\mathsf{T} W_0 \mathbf{e}_0\right) \tag{6}$$

と仮定した上で，式 (5) を式 (3) に代入し，負の対数尤度最小化として定式化すると，以下のように最小 2 乗の問題に帰着されます。

$$\begin{aligned}
\hat{\mathbf{x}} &= \underset{\mathbf{x}}{\mathrm{argmin}} -\ln\left(p(\mathbf{x})\prod_{k=1}^{m} p(\mathbf{z}_k|\mathbf{x}_k)\right) \\
&= \underset{\mathbf{x}}{\mathrm{argmin}} \sum_{k=0}^{m} \mathbf{e}_k^\mathsf{T} W_k \mathbf{e}_k \\
&= \underset{\mathbf{x}}{\mathrm{argmin}}\ \mathbf{e}^\mathsf{T} W \mathbf{e}
\end{aligned} \tag{7}$$

ここで，$\mathbf{e}$ はすべての $\mathbf{e}_k$ を 1 列に並べたベクトルです。多くの問題で f_k は非線形関数となるため，式 (7) も非線形最小 2 乗問題となります[14]。再投影誤差を最小化するバンドル調整やポーズグラフ最適化も同様の形になります（2.3 項，3.7 項，4.5 項）。動画を入力とする Visual SLAM では，この最適化を逐次的にリアルタイムで行います。

12) バンドル調整では再投影誤差として定義されます。

13) マハラノビス距離（Mahalanobis' distance）

14) たとえば，f_k にセンサ姿勢として回転が含まれると，非線形になります。

2.2 Odometry と SLAM

1.1 項では，SLAM を言葉の意味から説明しました。ここでは Odometry（オドメトリ）との比較を通じて SLAM の重要な特性を考えます。Odometry はセンサ情報から自身の移動量を推定することを意味します[15]。自動車などの車輪の回転数から移動量を推定する手法を Wheel Odometry と呼び，カメラを用いる場合は Visual Odometry [20, 10] と呼びます。

15) 自動車などに搭載されている走行距離計を Odometer（オドメーター）と呼びます。

図 4 に示す廊下のような環境で ①→②→③→④→⑤→⑥ の経路でロボットが移動した場合，Odometry ではセンサの移動量のみを推定するため，図 4 (a) に示すような前後接続のみを有するグラフとして空間を認識します。一方，SLAM ではループクロージング（4.5 項）により，地点 ② と ⑥ が同一地点であることを認識するため，図 4 (b) に示すように，空間の正しいトポロジーを認識できます。つまり，SLAM はループクロージング機能をオフにすれば Odometry へ縮退すると捉えることもできます[16]。さらに，検出したループを拘束条件として累積誤差を修正することも可能です。特に，単眼カメラのスケールドリフトも，ループクロージングにより大幅に修正されます [21]（4.5 項）。

16) 1.1 項で説明したとおり，広義に捉えれば，Visual Odometry のように，センサの位置姿勢とローカルマップを同時に推定する問題も SLAM と見なすことができます。

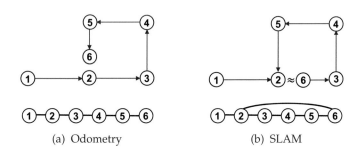

(a) Odometry　　　　　　(b) SLAM

図 4　ループクロージングによる空間のトポロジーの認識（文献 [9] から引用）

2.3 Visual SLAM の分類

複数枚の画像からカメラの相対姿勢と 3 次元構造を推定する問題は，Structure from Motion（SfM）として，古くからコンピュータビジョン分野で研究されています。また，画像のみから車両の位置姿勢を推定する問題は，1980 年代初頭に NASA の惑星探査ローバーを対象として，すでに取り組まれていました [20, 22, 23, 24, 25]。Visual SLAM には，単眼，ステレオ，RGB-D，イベントカメラなど，さまざまなデバイスを対象とする手法が存在します。本項では，一般的な単眼カメラを利用した Visual SLAM について，特徴点ベースの手法，直接法，深層学習ベースの手法を簡単に紹介します。図 5 に代表的な手法の年表を示します[17]。

画像を用いた 3 次元復元では，復元された 3D 点を画像平面に再投影し，各視

17) 掲載している手法や分類は一例であり，掲載できていない多くの関連研究があることに留意してください。

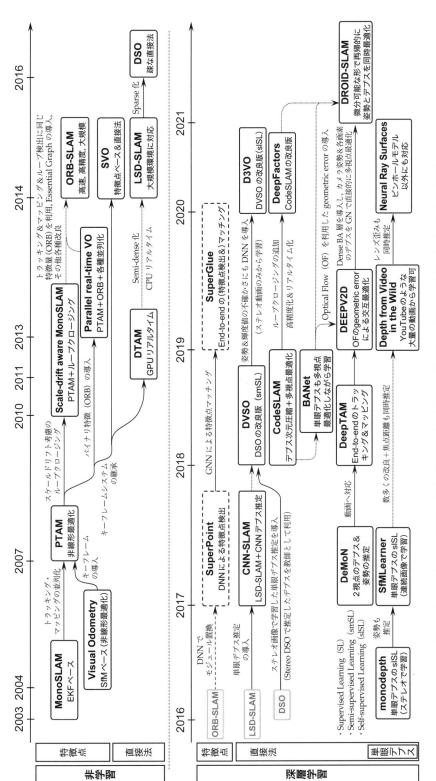

図 5　Visual SLAM の発展の歴史（単眼カメラを用いた代表的な手法のみ掲載）（文献 [9] から引用）

18) 一般的に，デプスは無限遠方を表現可能なデプスの逆数（inverse depth）でモデル化されます。

点での整合性を保つように，すべてのカメラ姿勢 $\mathbf{p}$ と 3D 点 $\mathbf{X}$（あるいは 2D 点のデプス $\mathbf{d}$）を推定します[18]。以下では，解説のために簡単な例を説明します。

特徴点ベースの手法では，3D 点 $\mathbf{X}^{(j)}$ をカメラ姿勢 $\mathbf{p}^{(i)}$ の画像平面に投影した点 $\mathbf{z}(\mathbf{p}^{(i)}, \mathbf{X}^{(j)})$ と，画像上の対応点 $\mathbf{z}^{(i,j)}$ との間で再投影誤差（reprojection error）と呼ばれる幾何的な誤差（geometric error）

$$\mathbf{e}_g^{(i,j)} := \mathbf{z}(\mathbf{p}^{(i)}, \mathbf{X}^{(j)}) - \mathbf{z}^{(i,j)} \tag{8}$$

を定義し，この誤差の総和が最小となる $\mathbf{p}, \mathbf{X}$ を推定します（図 6 (a)）。

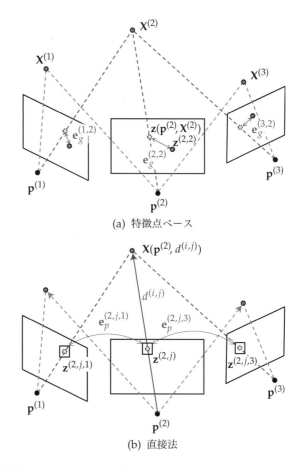

(a) 特徴点ベース

(b) 直接法

図 6　特徴点ベースの手法と直接法における誤差関数の違い。(a) 特徴点ベース：$\mathbf{z}$ は画像上で観測した 2D 点，$\mathbf{z}(\mathbf{p}, \mathbf{X})$ はカメラ姿勢 $\mathbf{p}$ の画像平面に投影した 3D 点 $\mathbf{X}$ を表し，geometric error $\mathbf{e}_g = \mathbf{z}(\mathbf{p}, \mathbf{X}) - \mathbf{z}$ を最小化する $\mathbf{p}, \mathbf{X}$ を計算します（バンドル調整）。(b) 直接法：2D 点 $\mathbf{z}$ と，$\mathbf{z}$ をデプス d で投影した 3D 点 $\mathbf{X}(\mathbf{p}, d)$ をさらに別のカメラの画像平面に投影した 2D 点 $\mathbf{z}'$ との間における輝度差 photometric error $\mathbf{e}_p := I'(\mathbf{z}') - I(\mathbf{z})$ を最小化する $\mathbf{p}, \mathbf{d}$ を推定します。（文献 [9] から引用）

$$\mathbf{p}, \mathbf{X} = \operatorname*{argmin}_{\mathbf{p}, \mathbf{X}} \sum_i \sum_j L\left(\mathbf{e}_g^{(i,j)}\right) \tag{9}$$

ここで，L は損失関数を表し，平均 2 乗誤差（mean squared error; MSE）や，平均 2 乗誤差のアウトライアに対する鋭敏性を考慮した Huber 損失関数などが用いられます。

これに対し，直接法では，画像間の輝度値の誤差（photometric error）を利用します[19]。

$$\mathbf{e}_p^{(i,j,k)} := I^{(k)}\left(\mathbf{z}^{(i,j,k)}\right) - I^{(i)}\left(\mathbf{z}^{(i,j)}\right) \tag{10}$$

ここで，$\mathbf{z}^{(i,j,k)}$ は，画像 $I^{(i)}$ 上の j 番目の 2D 点 $\mathbf{z}^{(i,j)}$ をデプス情報 $d^{(i,j)}$ で 3D 点 $\mathbf{X}(\mathbf{p}^{(i)}, d^{(i,j)})$ として投影し，さらに，$\mathbf{X}(\mathbf{p}^{(i)}, d^{(i,j)})$ を観測する別の画像 $I^{(k)}$ に再投影した 2D 点です。すべてのカメラ姿勢 $\mathbf{p}$ と画像上のサンプル点のデプス $\mathbf{d}$ に対して，$\mathbf{e}_p^{(i,j,k)}$ の総和が最小となる $\mathbf{p}, \mathbf{d}$ を推定します（図 6 (b)）。

$$\mathbf{p}, \mathbf{d} = \operatorname*{argmin}_{\mathbf{p}, \mathbf{d}} \sum_i \sum_j \sum_k L\left(\mathbf{e}_p^{(i,j,k)}\right) \tag{11}$$

特徴点ベースの手法（feature-based method）

特徴点ベースの手法では，動画内で追跡しやすいコーナー点 [26] などを複数検出・対応付けし，幾何的な誤差を最小化します。Andrew J. Davison らは 2003 から 2007 年にかけて，単眼カメラでリアルタイムに 3D 点とカメラ姿勢を推定する MonoSLAM [27, 28] を発表しました。MonoSLAM は拡張カルマンフィルタ（extended Kalman filter; EKF）ベースの手法で，3D 点を追跡して統一的なマッピングを行うことで，累積誤差の修正を可能としました。当時のコンピュータで，約 100 個の特徴点に対して 30 Hz の処理性能を実現しています。また，Nistér らは 2004 年に，SfM の枠組みをベースとした Visual Odometry [29] を提案しました。

これらの研究を発展させ，Georg Klein らは 2007 年に，手持ちカメラ[20] に対応した Parallel Tracking and Mapping（PTAM）[30] を発表しました。当時普及しつつあったマルチコアの CPU を活用し，カメラのトラッキング[21]とマッピングを並列に処理するシステムを構築しました。その並列システムにより，ロバスト性の高いトラッキング手法の導入や，キーフレームのみを用いた効率的なマッピングが可能になりました。結果として，数千点のマッピングがリアルタイムで可能になり，高精度な AR 表示を実現しています。

また，単眼 Visual SLAM では，スケールドリフト[22] が発生します。この問題を解決するために，Hauke Strasdat らは 2010 年に，スケールドリフトを考慮したポーズグラフ最適化（4.5 項）によるループクロージングを提案し，累積

[19] 添字 j は，式 (8) では 3D 点を，式 (10) では画素を表していることに注意してください。

[20] 一般的に，スマートフォンに搭載されるような手持ちのカメラは，ロボットや自動車などに固定したカメラよりも姿勢の変化が激しく，追跡が難しくなります。

[21] 連続的な姿勢の推定。

[22] 単眼カメラでは，絶対スケールが不定のため徐々にスケールがずれる誤差が発生します（p.119，図 28 参照）。

誤差を大幅に修正できるようにしました。さらに，Shiyu Songra らは 2013 年に，各種処理の並列化と ORB 特徴量 [31] を導入した Visual Odometry システムを発表しました [32]。ORB はバイナリ特徴量であるため，高い識別性や高速性，省メモリ性を生かした高速かつロバストなトラッキングおよびマッピングが可能です。

　これらの既存システム [30, 32, 34, 35] をさらに発展させ，Raúl Mur-Artal らは 2014 年に ORB-SLAM を発表しました [36, 37, 38]。ORB-SLAM では，トラッキングやマッピングで利用した ORB 特徴量を，リローカリゼーションやループクロージングでも活用し，追加的な計算を回避しています。また，PTAMの並列システムを拡張し，ループクロージングも別スレッドとすることで，安定的にトラッキングとローカルマッピングを行いながら，累積誤差を修正するための全体最適化も行えます。さらに，Essential Graph（4.2 項）によるポーズグラフ最適化の効率化や，F, H 行列を用いたロバストな初期化手法も提案しています。図 7 に直接法の DSO，LSD-SLAM と，特徴点ベースの ORB-SLAMの比較を示します。さらに，同グループは 2016 年に，単眼カメラ以外にもステレオや RGB-D のカメラを利用することで，スケール不定性を回避し，初期化やトラッキングの安定性を向上させた ORB-SLAM2 [39, 40] を発表し，また 2020年に，VISLAM やマルチマップに対応した ORB-SLAM3 [41] を発表しています。VISLAM としては，ほかにも，VINS-MONO [15] や，密なセマンティッククマッピングが可能な Kimera [16, 17] など，さまざまな手法やシステムが提案されています。

図 7　直接法の DSO（左）および LSD-SLAM（中央）と，特徴点ベースの ORB-SLAM（右）の比較（画像は [33] から引用）

直接法 (direct method)

直接法は画像間の輝度値の誤差を最小化します。表 2 に，特徴点ベースの手法と直接法の比較を示します。直接法では，ループ検出やリローカリゼーション用のキーフレーム以外では，計算コストの高い特徴点抽出が不要です [42]。また，画像全体の輝度値を利用するため，テクスチャが少ない環境に対しても頑健です。さらに，特徴点ベースの手法よりも（半）密な復元が可能であるため，オクルージョン判定が必要な AR やロボットの障害物検知に応用しやすいという利点もあります。一方で，カメラの露光時間やセンサ特性などのキャリブレーション (photometric calibration) を必要とします。

Richard A. Newcombe らは 2011 年に，全画素の輝度値を利用してリアルタイムにシーンの密な形状を復元する Dense Tracking and Mapping in Real-Time (DTAM) [43] を発表しました。式 (11) と同様に，photometric error が最小になるデプスの推定を，GPU を利用して並列処理することで，リアルタイム処理を実現しました。

さらに，Christian Forster らは 2014 年に，直接法と特徴点ベースの手法を組み合わせた Semidirect Visual Odometry (SVO) を発表しました。SVO は，カメラのモーション推定と 3D 点の復元を直接法で行い，カメラ姿勢と 3D 点の最適化を geometric error を用いて行います。

Jakob Engel らは同年に，直接法のみを用いて大規模な環境の 3 次元マッピングを可能とする Large-Scale Direct monocular SLAM (LSD-SLAM) を開発しました [44]。SVO のように，直接法を局所的なカメラのトラッキングに用いるだけではなく，大域的に整合性が保たれた 3 次元マップの構築にも利用します。さらに，同著者らは 2016 年に，photometric calibration を統合した Direct Sparse Odometry (DSO) を発表しました [45]。寄与が小さい変数の除外などにより，最適化のためのヘッセ行列をブロック対角行列に保つことで，疎な直接法として従来手法よりも高速かつ高精度な SLAM システムを実現しています。

表 2　特徴点ベースの手法と直接法の比較（文献 [9] から引用）

	特徴点抽出	テクスチャレス環境	復元の粗密	photometric calib
特徴点ベース	毎フレーム	脆弱	疎	不要
直接法	ループ検出など用にキーフレームのみ	頑健	（半）密	必要

深層学習ベースの手法（DNN-based method）

　近年，深層学習を用いた3次元モデリング技術も急速に発展しています。Visual SLAM に深層学習を導入する方法は多岐にわたり，(i) 上記の従来手法の一部を Deep Neural Network（DNN）で置換または補完する方法，(ii) すべて NN で構成（end-to-end に学習）する方法，(iii) DNN で抽出・推定した特徴や奥行きを多視点最適化する方法などがあります。

　(i) の先駆けとして，立野らは2017年に CNN-SLAM [48] を発表しました（図8 (a)）。CNN-SLAM は LSD-SLAM をベースとし，キーフレームの RGB 画像から CNN（convolutional neural network; 畳み込みニューラルネットワーク）で推定した密なデプス情報を，輝度勾配が大きいエッジ周辺に対しフレームごとに精緻化します。エピポーラ線上に存在する対応点を CNN から推定したデプス周辺に絞って探索するため，計算量を効率的に削減できます。さらに，CNN により推定した画像の意味的領域分割（semantic segmentation; セマンティックセグメンテーション）の結果を統合することで，単眼でリアルタイムに密な意味的 3D 点群の生成を可能にしました。また，Nan Yang らは DSO の枠組みに対し，2018年に Stereo DSO の推定デプスを半教師とする単眼デプス推定を

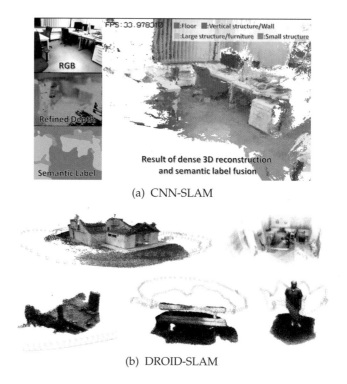

(a) CNN-SLAM

(b) DROID-SLAM

図8　DNN を用いた Visual SLAM の例（画像はおのおの [46], [47] から引用）

導入した Deep Virtual Stereo Odometry（DVSO）[49] を，2020 年にデプスだけではなく姿勢および輝度値の不確かさもステレオ動画から自己教師あり学習する D3VO [50] を開発しました。

ほかにも，Daniel DeTone らは 2017 年に，特徴点抽出の自己教師あり学習手法 SuperPoint [51] を，さらに Paul-Edouard Sarlin らは 2019 年に，Graph Neural Network を用いた特徴点マッチングの教師あり学習（supervised learning）手法 SuperGlue [52] を提案しました。SuperGlue は SuperPoint と組み合わせて end-to-end に学習することで，非常にロバストな特徴点マッチングを実現しています。従来の特徴点抽出とマッチングのモジュールをこれらと置き換えることで，SfM や Visual SLAM の精度向上が期待できます。

(ii) の方法として，まず，単眼画像のデプスと画像間の相対姿勢を推定する手法が挙げられます。Tinghui Zhou らは 2017 年に，ステレオセットアップ用の monodepth（2016 年）[53] を拡張し，2 枚の連続画像から単眼画像のデプス推定と画像間の相対姿勢を推定するネットワークの自己教師あり学習手法 SfMLearner [54] を発表しました。直接法の誤差を与える式 (10) と同様に，学習時は 2 視点の画像を入力とし，Depth CNN と Pose CNN でそれぞれ推定した密なデプスとカメラの相対姿勢を利用して，一方の画像の輝度値をもう一方の画像へ投影し，その誤差が最小になるように学習します。さらに，Chengzhou Tang らは 2018 年に，多視点画像に対して各画像から CNN で抽出した特徴量の誤差（feature-metric error）[23] を，反復的に最小化することでデプスとカメラ姿勢を最適化可能な end-to-end の教師あり学習手法 BA-Net を開発しました [55]。その後も，単眼デプス推定の自己教師あり学習手法は非常に活発に研究され，Ariel Gordo らは 2019 年に，YouTube 動画のようなラベルなしの大量の動画からピンホールカメラモデルの内部パラメータ[24] を同時に学習・推定する手法を提案しました [56]（図 9 (a)）。さらに，Igor Vasiljevic らは 2020 年に，ピンホールカメラモデル以外の光学システム[25] の画像に対しても，ラベルなし動画からの学習を可能としました [57]（図 9 (b)）。上記のような手法を用いて，単眼画像のデプス推定と画像間の相対姿勢推定を，スケールも考慮して逐次的に統合することで，カメラ軌跡とシーンの密な 3 次元形状を推定できます。

一方，Benjamin Ummenhofer らは 2017 年に，2 視点の画像からデプスと姿勢を推定する Depth and Motion Network for Learning Monocular Stereo（DeMoN）[58] を発表しました。さらに，Huizhong Zhou らは 2018 年に，トラッキングとマッピングをおのおの end-to-end に学習・推定する Deep Tracking and Mapping（DeepTAM）[59] を発表しました。トラッキングネットワークは，DTAM と同様に，キーフレームの RGB 画像とデプスの推定値，現在フレームを入力とし，仮想視点に対する姿勢を反復的に推定・累積することで，キー

23) 特徴空間における photo-metric error。

24) ここでは，焦点距離，光学中心，レンズ歪み。

25) 魚眼カメラ，反射屈折撮像系，水中カメラなど。

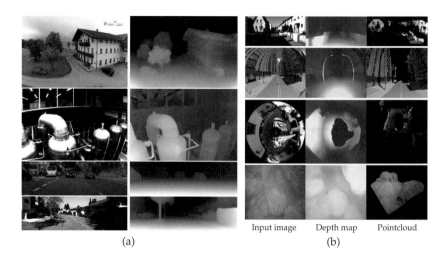

(a)   Input image   Depth map   Pointcloud

(b)

図 9　CNN を用いた単眼デプス推定の例（画像はそれぞれ文献 [56], [57] から
引用）

26) 探索空間全域で粗く推定した後に，その推定値周辺でより精細に探索すること。

フレームに対する現在フレームの姿勢を推定します。また，マッピングネットワークは，キーフレームの RGB 画像とコストボリューム [60] を入力とし，coarse-to-fine [26] にデプスを推定します。この 2 つのネットワークにより，リアルタイムのカメラ姿勢推定とシーンの密な 3 次元形状復元を実現しています。さらに，Zachary Teed らは 2018 年末に，オプティカルフローによる geometric error を導入した DEEPV2D [61] を発表しました。

(iii) の方法として，Michael Bloesch らは 2018 年に，シーンデプスの事前知識を用いて，密なデプスマップの多視点最適化を効率的に行う CodeSLAM [62] を提案しました。単純に各画素のデプスをすべて変数として最適化しようとすると，探索空間が広すぎるため，リアルタイム処理は困難です。この課題を解決するため，CodeSLAM では，シーン画像で条件付けたデプス画像の自己符号化器（autoencoder）を用いて，デプス画像を低次元のコードに圧縮することで，多視点最適化における探索空間を効率的に削減しています。さらに，Jan Czarnowski らは 2020 年に，CodeSLAM を拡張してループクロージングと組み合わせた DeepFactors を発表しています [63]。

また，Zachary Teed らは 2021 年に，彼らが開発した DEEPV2D やオプティカルフロー推定のネットワーク RAFT [64] をベースに，単眼，ステレオ，RGB-D に対応した深層学習ベースの Visual SLAM システム DROID-SLAM [47] を発表しました（図 8 (b)）。BA-Net では特徴空間の photometric error を最小化していたのに対し，DROID-SLAM では密なデプスとオプティカルフローから計算した geometric error を最小化する反復最適化 Dense Bundle Adjustment 層を導入し

ています。推論時は 2 台の GPU を使用し，1 台目でトラッキングと local BA を，2
台目で global BA とループクロージングを並列に処理します。カメラ姿勢とオプ
ティカルフローの教師あり学習により，ORB-SLAM3, SVO, DSO, DeepFactors
などの既存の Visual SLAM システムを上回る精度を達成しています。

3　3 次元復元の予備知識

多視点画像を用いた 3 次元復元は，3 次元から 2 次元の画像に投影すること
で失われたデプスの情報を複数視点の画像からいかに求めるかという問題です。
つまり，幾何学的・光学的変換（投影）の逆問題を解くことです。本節では，画
像を用いた 3 次元復元の予備知識として，画像の特徴点抽出，座標変換，エピ
ポーラ幾何，バンドル調整などについて解説し，次に，各ステップの処理が独
立でシンプルな枠組みである SfM について説明することで，マルチスレッド処
理により複雑化した Visual SLAM の理解を深めます[27]。

27) 予備知識のある方や，Visual SLAM の概要のみを把握されたい方は本節をスキップしてください。

3.1　キーポイント検出と特徴量記述

カメラ姿勢が既知と仮定すると，画像間の対応点がわかれば三角測量（trian-
gulation）で 3D 点を復元できます。そのために，画像中のキーポイント（特徴
点）を検出し，その局所特徴量を抽出します。SfM のようなオフライン処理の
場合は，精度が高い Scale-Invariant Feature Transform (SIFT) [66] などを用い
てキーポイントの検出と特徴抽出を行います。一方，リアルタイム処理が要求
される Visual SLAM では，高速性と省メモリ性を兼ね備えた Oriented FAST
and Rotated BRIEF（ORB）[31] のようなバイナリ特徴量がよく用いられます。
バイナリ特徴は 2 つの特徴量の（非）類似度をハミング距離[28]で表せるため，

28) 排他的論理和（XOR）と立っている（1 である）ビットを数える Population Count (popcount) のみで計算可能。

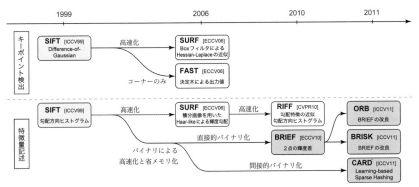

図 10　キーポイント検出，特徴量記述における変遷（藤吉らの文献 [65] から
引用）

実数型の SIFT などと比較して高速に特徴点マッチングを行えます。この利点もバイナリ特徴量が Visual SLAM に採用される大きな理由の 1 つです。キーポイント検出と特徴量記述の詳細については，藤吉らの文献 [65] が非常にわかりやすいため，そちらを参照してください（図 10）。

3.2　座標変換

　3 次元空間と画像平面との対応関係は，座標変換で記述されます。たとえば，3D 点を画像平面へ投影するためには，ワールド座標系 → カメラ座標系 → 画像座標系，の順に座標変換します。ワールド座標系は全カメラ共通の座標系で，カメラ座標系は任意のカメラに固定された座標系です。「カメラ → 画像」の変換を表すのが内部パラメータ（図 11 (a)），「ワールド → カメラ」の変換を表すのが外部パラメータです（図 11 (b)）。2 つのカメラと 3D 点の空間的対応関係を記述したエピポーラ幾何については次項で説明します。詳細な導出などについては，良質な参考資料 [67, 68, 69, 70] が存在するため，そちらを参照してください。

カメラの投影モデル

　カメラは，空間中の物体に反射した光が撮像素子に投影されることでシーンを記録します。つまり，3 次元空間の点が 2 次元の画像平面上にマッピングされます。この関係性をモデル化したのが，カメラの内部パラメータ K です。ここでは，最も単純で一般的に用いられる透視投影モデルを説明します（図 11 (a)）。各軸の焦点距離を $[f_u, f_v]$，光学中心を $[c_u, c_v]$ とすると，K は以下のように定義されます。

$$K := \begin{bmatrix} f_u & 0 & c_u \\ 0 & f_v & c_v \\ 0 & 0 & 1 \end{bmatrix} \tag{12}$$

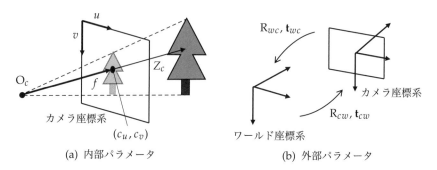

(a) 内部パラメータ　　　　　　　(b) 外部パラメータ

図 11　(a) 透視投影モデルを，$f = f_x = f_y$ および光学中心 (c_u, c_v) が光軸と一致しているとして図示。(b) ワールド座標系とカメラ座標系。（文献 [9] から引用）

ただし，式 (12) ではレンズ歪みを省略しています。ここで，K の第 3 行を除いた行列を K′ とすると，カメラ座標系の 3D 点 $\mathbf{X}_c = [X_c, Y_c, Z_c]^\mathsf{T}$ は，以下の式で画像平面上の点 $\mathbf{z} = [u, v]^\mathsf{T}$ に投影されます。

$$\mathbf{z} = \frac{1}{Z_c} \mathrm{K}' \mathbf{X}_c \tag{13}$$

カメラ座標系がワールド座標系と異なる場合，ワールド座標系からカメラ座標系への変換，つまり各カメラの外部パラメータを考える必要があります（図 11 (b)）。カメラの位置姿勢が並進ベクトル $\mathbf{t}_{cw}$ と回転行列 R_{cw} で表されるとき，ワールド座標系の 3D 点 $\mathbf{X}_w = [X_w, Y_w, Z_w]^\mathsf{T}$（同次座標は $\overline{\mathbf{X}}_w = [X_w, Y_w, Z_w, 1]^\mathsf{T}$ で表す）をカメラ座標系へ変換すると，$\mathbf{X}_c = [\mathrm{R}_{cw} \mid \mathbf{t}_{cw}] \overline{\mathbf{X}}_w$ となります。これを式 (13) に代入すると，ワールド座標系の 3D 点 $\mathbf{X}_w$ と画像平面上に投影した点 $\mathbf{z}$ の関係は，以下の式で表されます。

$$\mathbf{z} = \frac{1}{Z_c} \mathrm{K}' [\mathrm{R}_{cw} \mid \mathbf{t}_{cw}] \overline{\mathbf{X}}_w \tag{14}$$

$$\begin{bmatrix} u \\ v \end{bmatrix} = \frac{1}{Z_c} \begin{bmatrix} f_u & 0 & c_u \\ 0 & f_v & c_v \end{bmatrix} \begin{bmatrix} r_{cw}^{11} & r_{cw}^{12} & r_{cw}^{13} & t_{cw}^1 \\ r_{cw}^{21} & r_{cw}^{22} & r_{cw}^{23} & t_{cw}^2 \\ r_{cw}^{31} & r_{cw}^{32} & r_{cw}^{33} & t_{cw}^3 \end{bmatrix} \begin{bmatrix} X_w \\ Y_w \\ Z_w \\ 1 \end{bmatrix} \tag{15}$$

3.3　エピポーラ幾何

3 次元のシーンを撮影した画像間の対応点には拘束条件があり，それを表すのが以下で説明する基礎行列 F と基本行列 E です。この 2 つのカメラと 3D 点の空間的対応関係は，エピポーラ幾何と呼ばれます（図 12）。基礎行列 F は画像座標系，基本行列 E はカメラ座標系での拘束条件を表し，カメラの内部パラ

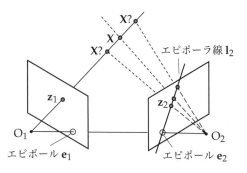

図 12　エピポーラ幾何。カメラ中心 $\mathrm{O}_1, \mathrm{O}_2$ と 3D 点 $\mathbf{X}$ を通る平面をエピポーラ平面，エピポーラ平面と画像平面が交わる線をエピポーラ線 $\mathbf{l}$，カメラ中心 $\mathrm{O}_1, \mathrm{O}_2$ を結んだ直線が画像平面と交わる点 $\mathbf{e}$ をエピポールと呼びます。すべての $\mathbf{l}$ は $\mathbf{e}$ を通ります。（文献 [9] から引用）

29) 3.8 項で説明するとおり，SfM では焦点距離 f が未知の場合，F で推定した特徴点対応と適当に仮定した f から初期の姿勢と 3D 点を復元し，バンドル調整で f も同時に最適化します。

メータ K が既知の場合は基本行列 E を，未知の場合[29] は基礎行列 F を用いることで，式 (14) のカメラ姿勢 [R | t] を推定できます。以下では，基礎行列 F と基本行列 E について，SfM と Visual SLAM の理解に必要な範囲に絞って簡潔に説明します。詳細な導出は文献 [67] を参照してください。

基礎行列（fundamental matrix）

基礎行列 F は 3×3 の行列で，カメラの内部パラメータ K と 2 つのカメラ間の外部パラメータ（相対姿勢）[R | t] の両方の情報を含みます[30]。具体的には，図 12 のように，一方の画像上の点 $\mathbf{z}_1$ が決まれば，もう一方の画像上の対応点 $\mathbf{z}_2$ に関する制約を与えることができます。この関係はエピポーラ拘束と呼ばれ，次の式で表されます。

30) ワールド座標系が未知の場合は，便宜上 1 つのカメラの座標系をワールド（基準）座標系として定義するのが一般的です。

$$
\begin{bmatrix} u_2 & v_2 & 1 \end{bmatrix}
\begin{bmatrix} f_{11} & f_{12} & f_{13} \\ f_{21} & f_{22} & f_{23} \\ f_{31} & f_{32} & f_{33} \end{bmatrix}
\begin{bmatrix} u_1 \\ v_1 \\ 1 \end{bmatrix}
= \mathbf{z}_2{}^\mathsf{T} \mathbf{F} \mathbf{z}_1 = 0
\tag{16}
$$

このとき，画像 I_1 上の点 $\mathbf{z}_1$ に対応する画像 I_2 上のエピポーラ線は，$\mathbf{l}_2 = \mathbf{F}\mathbf{z}_1$ で表されます。これを式 (16) に代入すると $\mathbf{z}_2{}^\mathsf{T}\mathbf{l}_2 = 0$ となり，直線のベクトル方程式になっていることがわかります。同様に，画像 I_2 上の点 $\mathbf{z}_2$ に対応する画像 I_1 上のエピポーラ線は，$\mathbf{l}_1 = \mathbf{F}^\mathsf{T}\mathbf{z}_2$ で表されます。

式 (16) のエピポーラ拘束は，以下の線形方程式で表すことができます。

$$
\begin{bmatrix}
u_2^1 u_1^1 & u_2^1 v_1^1 & u_2^1 & v_2^1 u_1^1 & v_2^1 v_1^1 & v_2^1 & u_1^1 & v_1^1 & 1 \\
\vdots & \vdots & \vdots & \vdots & \vdots & \vdots & \vdots & \vdots & \vdots \\
u_2^n u_1^n & u_2^n v_1^n & u_2^n & v_2^n u_1^n & v_2^n v_1^n & v_2^n & u_1^n & v_1^n & 1
\end{bmatrix}
\begin{bmatrix} f_{11} \\ f_{12} \\ \vdots \\ f_{33} \end{bmatrix}
= \mathbf{A}\mathbf{f} = 0
\tag{17}
$$

ここで，n は対応点の数を表します。基礎行列 F は 9 つの要素をもちますが，スケールは任意なので，解を求めるためには 8 つの方程式が必要となります。そのため，8 つの対応点を用いて式 (17) を連立 1 次方程式として解きます（8 点アルゴリズム）。対応点が 8 つ以上ある場合は，すべての対応点を利用して特異値分解（SVD）などを用いた最小 2 乗法により計算します。

特徴点が同一平面上に分布する場合は行列 A が縮退し，基礎行列 F を正しく推定できません。しかし，後述する 5 点アルゴリズムでは，カメラの内部パラメータを既知としてエピポーラ拘束の方程式を解くため，特徴点が同一平面上に分布する場合でもカメラ姿勢を推定することが可能です[31]。

31) 平面シーンでは，ホモグラフィ行列 H からもカメラ姿勢を推定できます [71, 72]。

基本行列 E は，カメラ間の相対姿勢（外部パラメータ）[R | t] の情報を有する 3×3 の行列で，各カメラの内部パラメータを K_1, K_2 とすると，以下の式で定義されます。

$$E := K_2^\mathsf{T} F K_1 \tag{18}$$

式 (18) を式 (16) に代入すると，以下のようになります。

$$\mathbf{z}_2{}^\mathsf{T} (K_2^\mathsf{T})^{-1} E K_1^{-1} \mathbf{z}_1 = 0$$

$$\hat{\mathbf{z}}_2^\mathsf{T} E \hat{\mathbf{z}}_1 = 0 \tag{19}$$

ここで，$\hat{\mathbf{z}}_1 = K_1^{-1}\mathbf{z}_1$, $\hat{\mathbf{z}}_2 = K_2^{-1}\mathbf{z}_2$ です。式 (13) において $Z_c = 1$ とすると $\mathbf{X} = K^{-1}\mathbf{z}$ となることからわかるように，$\hat{\mathbf{z}}_1, \hat{\mathbf{z}}_2$ は $\mathbf{z}_1, \mathbf{z}_2$ を $Z_c = 1$ の平面に射影した点です[32]。

カメラ姿勢を推定するためには，8 点アルゴリズムなどで先に求めた基礎行列 F を式 (18) に代入して基本行列 E を推定する方法と，5 点アルゴリズムのように基礎行列 F を求めず直接基本行列 E を推定する方法があります [73]。5 点アルゴリズムは 8 点アルゴリズムよりも必要な対応点の数が少ないため，後述する RANdom SAmple Consensus（RANSAC）[74] と組み合わせる際に，ランダムサンプルした対応点にアウトライア（誤対応）が含まれる確率が低く，少ない試行回数で正しい解を求めることができます。

基本行列 E に含まれるカメラの相対姿勢 [R | t] は，図 13 のように，4 通りに分解されます[33]。「3D 点が両カメラの前方に復元される」という条件を加えることで，その 4 通りの中から最終的なカメラ姿勢を得ることができます [67]。

[32] 正規化画像座標系 (normalized image coordinates)

[33] t はスケール不定です。キャリブレーションや GPS による位置情報，被写体の大きさなど，何らかの追加情報によりスケールを決定できます。

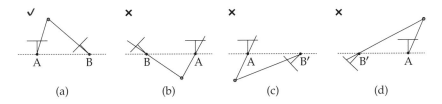

図 13　基本行列 E の 4 通りの分解 [R, t]。3D 点が 2 つのカメラに対して前方（デプスが正）になる [R, t] を選択。（図は文献 [67] から引用）

カメラ間の相対姿勢を推定するためには，画像間で複数の対応点が必要になります。画像間の対応付けには，3.1 項で説明したキーポイント $\mathbf{z}$ およびその特徴量 $\mathbf{f}$ を利用します。カメラ姿勢に関する事前知識がない場合[34]，画像 I_1 で検出された特徴点 $\mathbf{z}_{1,i}$ が，画像 I_2 の特徴点 $\mathbf{z}_{2,j}$ のいずれに対応するかは，次の2つのステップで判定します。

1) 特徴ベクトル $\mathbf{f}$ を用いた最近傍探索による仮の対応付け（図 14 (a)）
2) カメラの幾何学的な拘束条件を利用した誤対応の除去（図 14 (b)）

まず，1) 2 枚の画像間で特徴点の特徴ベクトル $\mathbf{f}_{1,i}, \mathbf{f}_{2,j}$ を比較して，双方向に対応がとれた特徴点のペアを仮の対応点とします。しかし，この仮対応では幾何学的な整合性（エピポーラ拘束）を考慮していないため，誤対応（アウトライア）を多く含んでいます。そのため，2) エピポーラ拘束と RANSAC [74] を用いてアウトライアを除去します。

RANSAC は，アウトライアを含む観測データから数理モデルのパラメータを推定する反復計算法の 1 つです。観測データからランダムサンプルしたデータを用いてモデルパラメータを推定する処理を一定回数行い，その候補群から適合する観測データが最も多いパラメータを正しい推定値として利用し，アウトライアを除去します。

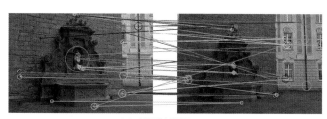

(a) 局所特徴量のみ

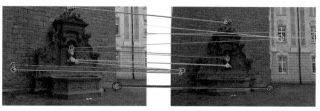

(b) アウトライア除去後

図 14 特徴点マッチングの例。(a) 局所特徴量のみ，(b) エピポーラ拘束による
アウトライア除去後。8 点アルゴリズムと RANSAC の組み合わせにより，アウ
トライアの多くが除去されています。（画像は Fountain-P11 データセット [75]
を利用）

34) Visual SLAM のように動画を対象とする場合や，IMU のような他のセンサから情報が得られる場合は，過去のフレームや IMU の観測情報から現在フレームの姿勢を予測できるため，対応点探索の範囲を大幅に削減できます。

具体例として，8 点アルゴリズム（3.3 項）を用いる場合，まず，仮の対応点からランダムに 8 個の対応点を選択して基礎行列 F を推定します。次に，推定された F を用い，各対応点に対して図 12 のようなエピポーラ線を計算します。そして，式 (16) のエピポーラ拘束を一定の誤差の範囲内で満たすか否か，つまり対応点がエピポーラ線に十分近い（インライア）か否かを判定します。この計算を N 回試行した後，インライアが最も多い F の全インライアを用いた最小 2 乗法により，最終的な推定値 $\hat{\mathrm{F}}$ を推定します。

観測データからインライアのみを選択するため，つまり正しい推定値を確率 p で得るために必要な試行回数 N は，以下の式で表されます。

$$N = \frac{\log(1 - p)}{\log(1 - r^s)} \tag{20}$$

ここで，s はモデルを計算するために必要な観測データの数，r は観測データのインライアの割合を表しています。

3.5 Perspective-n-Point（PnP）問題

図 15 のように，3 次元空間中の n 点の座標とその画像中の対応点が与えられたときにカメラの位置姿勢を推定する問題は，Perspective-n-Point（PnP）問題と呼ばれ，古くから多くの研究が行われています。さらに，カメラの位置姿勢に加えて焦点距離（focal length）やレンズ歪み（radial distortion）を推定する問題を，それぞれ PnPf 問題，PnPfr 問題と呼びます（表 3）。Visual SLAM では，基本的にカメラの内部パラメータが既知であるため，P3P や Efficient Perspective-n-Point（EPnP）[76] を RANSAC と組み合わせて，誤対応を除去しながらカメラ姿勢を推定します。詳細については，非常にわかりやすい文献 [77, 78, 79] があるため，そちらを参照してください。

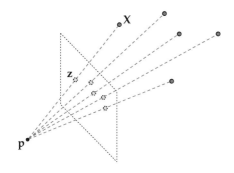

図 15　Perspective-n-Point（PnP）問題。n 個の 3D 点 **X** とその画像中の対応点 **z** が与えられたときのカメラ姿勢 **p** の推定。（文献 [9] から引用）

表 3　PnP 問題と派生問題における未知パラメータと推定に必要な対応点の数。推定可能な未知パラメータを ✓ で表します。（中野の文献 [77] から引用）

	PnP	PnPf	PnPfr
回転行列 R	✓	✓	✓
並進ベクトル $\mathbf{t}$	✓	✓	✓
焦点距離 f		✓	✓
レンズ歪み k_1, k_2, k_3			✓
未知パラメータ数	6	7	8 (k_1),　10 (k_1, k_2, k_3)
最小点数 n	3	4	4 (k_1),　5 (k_1, k_2, k_3)

3.6　三角測量による 3D 点の復元

カメラ間の姿勢と特徴点の対応関係が得られれば，三角形の 1 辺と 2 角が既知となるため，三角測量により 3D 点の位置を計算できます [67, 80]。この関係を式 (14) を用いて表すと，以下のような $\mathbf{Ax} = 0$ の形の線形方程式になります。

$$
\begin{bmatrix} P_1 & -\mathbf{z}_1 & 0 \\ P_2 & 0 & -\mathbf{z}_2 \end{bmatrix} \begin{bmatrix} \mathbf{X} \\ \lambda_1 \\ \lambda_2 \end{bmatrix} = 0 \tag{21}
$$

ただし，$\lambda = Z_c$, $P = K[R_{cw} \mid \mathbf{t}_{cw}]$（P は projection matrix を表す）とします。実際には，画像上で観測した点や推定したカメラ姿勢に誤差が含まれ，図 16 のように投影線が交差しないため，光線と 3D 点の距離や，3D 点を再投影した際の角度誤差が最小となる $\mathbf{X}$ を推定します。

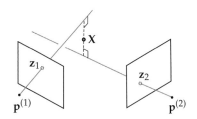

図 16　三角測量による 3D 点の復元（文献 [9] から引用）

3.7　バンドル調整

イメージセンサの観測には誤差が存在するため，画像上で観測した点 $\mathbf{z}$ と 3D 点 $\mathbf{X}$ の間で式 (13) が正確には満たされません。この誤差をガウス分布と仮定し，最尤推定として解く方法論がバンドル調整（bundle adjustment; BA）です。図 6 (a)（p.86）のように，m 個のカメラと n 個の 3D 点が与えられたとき，式 (9) で示したとおり，各カメラで観測している 3D 点の再投影点 $\mathbf{z}(\mathbf{p}, \mathbf{X})$ と，画像上の対応点 $\mathbf{z}$ との距離の総和が最小になるカメラ姿勢 $\mathbf{p}$，3D 点 $\mathbf{X}$ を推定

します[35][36]。特に，カメラ姿勢 **p** のみを最適化する場合と，3D 点 **X** のみの場合，**p**, **X** をともに最適化する場合を，それぞれ motion-only BA, structure-only BA, full BA と呼びます。また，最適化範囲が局所的な場合と大域的な場合を，それぞれ local BA, global BA と区別します。

回転行列と回転ベクトル

カメラ姿勢の剛体変換 T（6 自由度）と相似変換 S（7 自由度）は，回転行列 R ∈ SO(3) と並進ベクトル $\mathbf{t} \in \mathbb{R}^3$，スケールパラメータ s を用いて，それぞれ以下のように表せます[37]。

$$T = \begin{bmatrix} R & \mathbf{t} \\ 0 & 1 \end{bmatrix} \in SE(3) \qquad S = \begin{bmatrix} sR & \mathbf{t} \\ 0 & 1 \end{bmatrix} \in Sim(3) \tag{22}$$

R は 3 自由度の座標変換であるにもかかわらず，9 つのパラメータで表されています。さらに，回転行列の条件（直交性と行列式が 1）も満たす必要があるので，最適化変数として扱うのには適していません。そこで，R を回転ベクトル表現 $\boldsymbol{\omega} = (\omega_1, \omega_2, \omega_3)^\top \in \mathfrak{so}(3)$ で表すために，$\mathfrak{so}(3)$ から SO(3) への指数写像 $\exp : \mathfrak{so}(3) \to SO(3)$（$\boldsymbol{\omega} \to R$）を考えます。$\boldsymbol{\omega}$ の回転角を $\theta = \|\boldsymbol{\omega}\|_2$[38] とおくと，この写像の関係はロドリゲスの回転公式（Rodrigues' rotation formula）により，以下の式で表されます。

$$R = \exp_{SO(3)}(\boldsymbol{\omega}) = I_3 + \frac{\sin\theta}{\theta}[\boldsymbol{\omega}]_\times + \frac{1 - \cos\theta}{\theta^2}[\boldsymbol{\omega}]_\times^2 \tag{23}$$

ここで，I_n は $n \times n$ の単位行列を，$[\,\cdot\,]_\times$ は歪対称行列（skew-symmetric matrix）の作用素を表します。

$$[\,\boldsymbol{\omega}\,]_\times = \begin{bmatrix} 0 & -\omega_3 & \omega_2 \\ \omega_3 & 0 & -\omega_1 \\ -\omega_2 & \omega_1 & 0 \end{bmatrix} \tag{24}$$

逆に，SO(3) から $\mathfrak{so}(3)$ への対数写像 $\log : SO(3) \to \mathfrak{so}(3)$ は，$\boldsymbol{\omega} = \log_{SO(3)}(R)$ のように表せます。さらに，並進 **v** も含めたカメラ姿勢 $\mathbf{p} = (\boldsymbol{\omega}^\top, \mathbf{v}^\top)^\top \in \mathfrak{se}(3)$ から SE(3) への写像に拡張すると，以下のようになります。

$$\exp_{SE(3)}(\mathbf{p}) := \begin{bmatrix} \exp_{SO(3)}(\boldsymbol{\omega}) & V\mathbf{v} \\ 0 & 1 \end{bmatrix} = \begin{bmatrix} R & \mathbf{t} \\ 0 & 1 \end{bmatrix} \tag{25}$$

$$V = I_3 + \frac{1 - \cos\theta}{\theta^2}[\boldsymbol{\omega}]_\times + \frac{\theta - \sin\theta}{\theta^3}[\boldsymbol{\omega}]_\times^2 \tag{26}$$

同様に，スケール σ も含めた $\mathbf{s} = (\boldsymbol{\omega}^\top, \sigma, \mathbf{v}^\top)^\top \in \mathfrak{sim}(3)$ から Sim(3) への写像は，以下のようになります。

[35] photometric error を最小化する場合は，photometric bundle adjustment と呼びます。

[36] インターネット上の画像などを用いて SfM を行う場合は，正確なカメラの内部パラメータ K も未知であるため，同時にバンドル調整で最適化します。一方，Visual SLAM の場合は，計算速度や処理の安定性を重視するため，事前にカメラのキャリブレーションを行い，既知とするのが一般的です。

[37] SO(3), SE(3), Sim(3) はそれぞれ 3 次の特殊直交群（special orthogonal group），特殊ユークリッド群（special Euclidean group），相似変換群（similarity transformation group）を表します。ここでは，SO(3) は 3 次元の回転を，SE(3) は回転と並進の両方，さらに Sim(3) はスケールも併せて表現する行列の集合と理解すれば十分です。さらに，このリー群に付随するリー代数（リー環）は，おのおの $\mathfrak{so}(3)$, $\mathfrak{se}(3)$, $\mathfrak{sim}(3)$ で表されます。詳細は文献 [34, 81, 82] を参考にしてください。

[38] $\|\cdot\|_2$ は L_2 ノルム（一般的な距離の概念であるユークリッド距離）を表します。

$$\exp_{\mathrm{Sim}(3)}(\mathbf{s}) := \begin{bmatrix} e^{\sigma}\exp_{\mathrm{SO}(3)}(\boldsymbol{\omega}) & \mathrm{W}\mathbf{v} \\ 0 & 1 \end{bmatrix} = \begin{bmatrix} s\mathrm{R} & \mathbf{t} \\ 0 & 1 \end{bmatrix} \tag{27}$$

$$\mathrm{W} = \frac{a\sigma + (1-b)\theta}{\theta(\sigma^2 + \theta^2)}[\boldsymbol{\omega}]_{\times} + \left(c - \frac{(b-1)\sigma + a\theta}{\sigma^2 + \theta^2} \right)\frac{[\boldsymbol{\omega}]_{\times}^2}{\theta^2} + c\mathrm{I}_3 \tag{28}$$

39) 詳細は文献 [21, 81, 82, 83]
などを参照してください。

ただし，$a = e^{\sigma}\sin(\theta)$，$b = e^{\sigma}\cos(\theta)$，$c = (e^{\sigma}-1)/\sigma$ とおいています[39]。

再投影誤差の数値最小化

カメラ i $(i = 1, \dots, m)$，3D 点 j $(j = 1, \dots, n)$ のパラメータをおのおの $\mathbf{p}^{(i)}$，$\mathbf{X}_w^{(j)}$，観測誤差を平均 $\mathbf{0}$，共分散行列 Σ のガウス分布とします。式 (8), (9) でも説明したとおり，バンドル調整では以下の誤差関数を最小化します。

$$E(\mathbf{x}) := \frac{1}{2}\mathbf{e}^{\mathsf{T}}\mathrm{W}\mathbf{e} \tag{29}$$

$$\mathbf{x}^{(i,j)} := \begin{bmatrix} \mathbf{p}^{(i)} \\ \mathbf{X}_w^{(j)} \end{bmatrix} \qquad \mathbf{x} := \begin{bmatrix} \mathbf{p}^{(1)} \\ \vdots \\ \mathbf{X}_w^{(n)} \end{bmatrix} \qquad \mathbf{e}_g^{(i,j)} := \mathbf{z}(\mathbf{x}^{(i,j)}) - \mathbf{z}^{(i,j)} \qquad \mathbf{e}(\mathbf{x}) = \begin{bmatrix} \mathbf{e}_g^{(1,1)} \\ \vdots \\ \mathbf{e}_g^{(m,n)} \end{bmatrix}$$

ただし，$\mathrm{W} = \Sigma^{-1}$ とおいています。式 (29) は式 (7) と同様の形であることがわかります。$E(\mathbf{x})$ は非線形関数のため，反復法による数値計算で最小値を与える $\hat{\mathbf{x}}$ を推定します。エピポーラ幾何や三角測量などにより推定したカメラ姿勢と 3D 点の座標を初期値 $\mathbf{x}_0$ で表し，$\hat{\mathbf{x}} \to \hat{\mathbf{x}} + \delta\mathbf{x}$ として更新することで $\hat{\mathbf{x}}$ を計算します。反復法として一般的に用いられるのがニュートン法です。

$E(\mathbf{x})$ を現在の推定値まわりで 2 次の項までテーラー展開すると，以下のようになります。

$$E(\hat{\mathbf{x}} + \delta\mathbf{x}) \approx E(\hat{\mathbf{x}}) + \mathbf{g}(\hat{\mathbf{x}})^{\mathsf{T}}\delta\mathbf{x} + \frac{1}{2}\delta\mathbf{x}^{\mathsf{T}}\mathrm{H}(\hat{\mathbf{x}})\delta\mathbf{x} \tag{30}$$

$$\mathrm{J} := \frac{\mathrm{d}\mathbf{e}}{\mathrm{d}\mathbf{x}} \qquad\qquad \mathbf{g}(\mathbf{x}) := \frac{\mathrm{d}E}{\mathrm{d}\mathbf{x}} = \mathrm{J}^{\mathsf{T}}\mathrm{W}\mathbf{e}$$

$$\mathrm{H}(\mathbf{x}) := \frac{\mathrm{d}^2 E}{\mathrm{d}\mathbf{x}^2} = \mathrm{J}^{\mathsf{T}}\mathrm{W}\mathrm{J} + \sum_k (\mathbf{e}^{\mathsf{T}}\mathrm{W})_k \frac{\mathrm{d}^2 \mathbf{e}_k}{\mathrm{d}\mathbf{x}^2}$$

J はヤコビ行列 (Jacobian matrix)，$\mathbf{g}$ は勾配（ベクトル）(gradient (vector))，

40) $\mathrm{d}^2\mathbf{e}/\mathrm{d}\mathbf{x}^2$ は 3 階のテンソル
になりますが，ここでは行列
形式で表記するため和の形で
表しています。

H はヘッセ行列 (Hessian matrix)，k は $\mathbf{e}$ の要素番号[40]を表します。ここで，式 (30) の右辺を $\delta\mathbf{x}$ に関して微分すると，極小値を与える $\delta\mathbf{x}$ は以下の式を満たします。

$$\mathrm{H}(\hat{\mathbf{x}})\delta\mathbf{x} = -\mathbf{g}(\hat{\mathbf{x}}) \tag{31}$$

ガウス-ニュートン法 (Gauss-Newton method) では，H の第 2 項は第 1 項と比較して十分小さい，つまり，$\mathrm{H} \approx \mathrm{J}^{\mathsf{T}}\mathrm{W}\mathrm{J}$ と近似し，これを式 (31) に代入して

以下の更新式を得ます。

$$(J^{\mathsf{T}}WJ)\delta\mathbf{x} = -J^{\mathsf{T}}W\mathbf{e} \tag{32}$$

さらに，左辺にダンピングファクタ（damping factor）λW（$\lambda \geq 0$）を導入したものが，レーベンバーグ–マーカート法（Levenberg-Marquardt method）です。

$$(J^{\mathsf{T}}WJ + \lambda W)\delta\mathbf{x} = -J^{\mathsf{T}}W\mathbf{e} \tag{33}$$

上記の更新式により，誤差関数 $E(\mathbf{x})$ を最小化する $\hat{\mathbf{x}}$ を推定します。詳細は文献 [84, 85, 86] を参考にしてください。

ヤコビ行列の計算

　式 (32), (33) を用いて $\hat{\mathbf{x}}$ を更新するために，バンドル調整におけるヤコビ行列 J の具体的な計算方法を説明します。簡単のために，図 6 (a)（p.86）のようにカメラの視点と 3D 点がおのおの 3 つあるとき（$m = n = 3$）を考え，透視投影モデルを仮定し，内部パラメータは既知とします。この場合，すべてのカメラ姿勢と 3D 点の座標 $\mathbf{x}$ で $\mathbf{e}$ を微分したヤコビ行列 J は，以下のように書けます（図 17）。

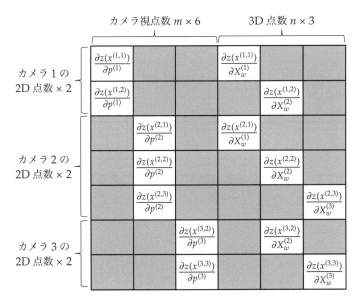

図 17　カメラの視点数と 3D 点の数が 3 の場合（$m = 3$, $n = 3$, 図 6 (a)）のヤコビ行列（灰色のセルはヤコビ行列）（文献 [9] から引用）

$$J = \frac{d\mathbf{e}}{d\mathbf{x}} = \frac{d\mathbf{z}(\mathbf{x})}{d\mathbf{x}} = \begin{bmatrix} J_{\mathbf{p}}^{(1,1)} & O & O & J_{\mathbf{X}_w}^{(1,1)} & O & O \\ J_{\mathbf{p}}^{(1,2)} & O & O & O & J_{\mathbf{X}_w}^{(1,2)} & O \\ \hline O & J_{\mathbf{p}}^{(2,1)} & O & J_{\mathbf{X}_w}^{(2,1)} & O & O \\ O & J_{\mathbf{p}}^{(2,2)} & O & O & J_{\mathbf{X}_w}^{(2,2)} & O \\ O & J_{\mathbf{p}}^{(2,3)} & O & O & O & J_{\mathbf{X}_w}^{(2,3)} \\ \hline O & O & J_{\mathbf{p}}^{(3,2)} & O & J_{\mathbf{X}_w}^{(3,2)} & O \\ O & O & J_{\mathbf{p}}^{(3,3)} & O & O & J_{\mathbf{X}_w}^{(3,3)} \end{bmatrix} \tag{34}$$

$$J_{\mathbf{p}}^{(i,j)} = \frac{\partial \mathbf{z}(\mathbf{x}^{(i,j)})}{\partial \mathbf{p}^{(i)}} \qquad J_{\mathbf{X}_w}^{(i,j)} = \frac{\partial \mathbf{z}(\mathbf{x}^{(i,j)})}{\partial \mathbf{X}_w^{(j)}} \tag{35}$$

ここで，O は零行列を表します。$J_{\mathbf{p}}^{(i,j)}$ と $J_{\mathbf{X}_w}^{(i,j)}$ は，式 (13) の 3D 点の画像座標への投影式を，カメラ姿勢 $\mathbf{p} = (\boldsymbol{\omega}^\mathsf{T}, \mathbf{v}^\mathsf{T})^\mathsf{T} \in \mathfrak{se}(3)$ と $\mathbf{X}_w$ でそれぞれ偏微分したものです。観測 $\mathbf{z}(\mathbf{x}^{(i,j)})$ はカメラ i の姿勢 $\mathbf{p}^{(i)}$ と 3D 点 j の座標 $\mathbf{X}_w^{(j)}$ にのみ依存するため，それ以外で偏微分している多くの要素は零行列になります。以下では，この 2 つの偏微分の導出を行います。

41) 簡単のため，R_{cw} と $\mathbf{t}_{cw}$ の添字は省略します。

3.2 項と同様に，カメラ座標系，ワールド座標系における 3D 点の座標を $\mathbf{X}_c$, $\mathbf{X}_w$ とすると，これらの関係は以下のようになります[41]。

$$\mathbf{X}_c = R\mathbf{X}_w + \mathbf{t} \tag{36}$$

42) 簡単のため，添字 i, j を省略します。

よって，連鎖律（chain rule）を用いると，式 (35) は以下のように書けます[42]。

$$\frac{\partial \mathbf{z}(\mathbf{x})}{\partial \mathbf{p}} = \frac{\partial \mathbf{z}(\mathbf{x})}{\partial \mathbf{X}_c} \frac{\partial \mathbf{X}_c}{\partial \mathbf{p}} \qquad \frac{\partial \mathbf{z}(\mathbf{x})}{\partial \mathbf{X}_w} = \frac{\partial \mathbf{z}(\mathbf{x})}{\partial \mathbf{X}_c} \frac{\partial \mathbf{X}_c}{\partial \mathbf{X}_w} = \frac{\partial \mathbf{z}(\mathbf{x})}{\partial \mathbf{X}_c} R \tag{37}$$

また，式 (13) の投影式は以下のように書けます。

$$\mathbf{z}(\mathbf{x}) = \frac{1}{Z_c} K' \mathbf{X}_c = \begin{bmatrix} f_u & 0 & c_u \\ 0 & f_v & c_v \end{bmatrix} \begin{bmatrix} X_c \\ Y_c \\ Z_c \end{bmatrix} = \begin{bmatrix} f_u \frac{X_c}{Z_c} + c_u \\ f_v \frac{Y_c}{Z_c} + c_v \end{bmatrix} \tag{38}$$

式 (25) より $\mathbf{t} = V\mathbf{v}$ であるため，式 (36) をカメラ姿勢 $\mathbf{p}$ で，また式 (38) をカメラ座標系における 3D 点 $\mathbf{X}_c$ で偏微分すると，以下のようになります。

$$\frac{\partial \mathbf{X}_c}{\partial \mathbf{p}} = \begin{bmatrix} \dfrac{\partial R}{\partial \boldsymbol{\omega}} \mathbf{X}_w & V \end{bmatrix} \qquad \frac{\partial \mathbf{z}(\mathbf{x})}{\partial \mathbf{X}_c} = \begin{bmatrix} f_u \frac{1}{Z_c} & 0 & -f_u \frac{X_c}{Z_c^2} \\ 0 & f_v \frac{1}{Z_c} & -f_v \frac{Y_c}{Z_c^2} \end{bmatrix} \tag{39}$$

ここで，$(\partial R / \partial \boldsymbol{\omega}) \mathbf{X}_w$ は，文献 [83] の式 (8) より以下のように計算できます。

$$\frac{\partial R}{\partial \boldsymbol{\omega}} \mathbf{X}_w = -R [\mathbf{X}_w]_\times \frac{\boldsymbol{\omega} \boldsymbol{\omega}^\mathsf{T} + (R^\mathsf{T} - I_3) [\boldsymbol{\omega}]_\times}{\theta^2} \tag{40}$$

以上によりヤコビ行列の計算が完了しました。カメラの内部パラメータも最適化したい場合は，他の変数と同様に $\mathbf{z}(\mathbf{x}^{(i,j)})$ の偏微分を計算してヤコビ行列の要

素に追加することで簡単に拡張できます。また，式 (38) を変更することで，全方位パノラマ画像など，他の投影モデルにも応用できます。

3.8 Structure from Motion（SfM）の概要

Structure from Motion（SfM）は，多視点画像を用いてカメラ姿勢と特徴点の 3 次元位置を同時に推定する手法です。SfM で推定したカメラ姿勢は，多視点画像からシーンの密な 3 次元形状を復元する Multi-View Stereo（MVS）[88] などにも利用できます。図 18 に，インターネットで収集した画像から SfM と MVS によりシーンの密な形状を復元した例を示します。本項では，最も基本的な Incremental SfM，特に COLMAP [89] を中心に概要を説明します。

図 19 に示すように，Incremental SfM では，最初に選択した 2 枚の画像で復

図 18　インターネット上で収集した画像から 3 次元復元した例（画像は「みんなの首里城デジタル復元プロジェクト」[87] から提供）

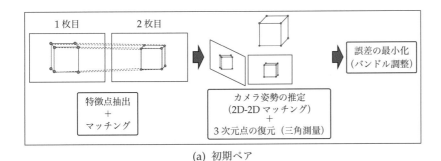

(a) 初期ペア

(b) 3 枚目以降

図 19　Incremental SfM の処理の流れ。(a) 最初の画像ペアでは，2D-2D の特徴点マッチングからカメラ姿勢と 3D 点を復元。(b) 3 枚目以降は，復元済みの 3D 点に対して 2D 点をマッチングし，カメラ姿勢を推定。（文献 [9] から引用）

43) ほかにも，すべてのカメラ姿勢を同時に推定する Global SfM [90, 91, 92, 93, 94, 95] や，両者の長所を組み合わせたハイブリッドな枠組み [96, 97] も提案されています。

元されたシーンに対し，3 枚目以降を 1 枚ずつ追加して復元を進めます[43]。初期の画像ペアでは，2D-2D マッチング → 相対姿勢推定 → 3D 点復元 → バンドル調整の順で，基準となるカメラ姿勢と 3D 点を復元します。3 枚目以降は，2D-3D マッチング → 姿勢の推定 → 3D 点復元 → バンドル調整，の処理を繰り返します。具体的な処理は，以下のステップで構成されます。

(1) 特徴点抽出

(2) 特徴点マッチングと幾何モデルの推定

(3) カメラ姿勢の推定

(4) 三角測量による 3D 点の復元

(5) バンドル調整

44) カメラ間の距離。

Step (1)：全画像に対して，キーポイント検出と特徴量記述 (3.1 項) を行います。Visual SLAM と比較して，SfM ではベースライン[44] が長い画像を対象とするため，識別性が高く，スケールと回転に対して不変性を有する SIFT や SURF を用いるのが一般的です。次ステップのマッチングも含めて，SuperGlue [52] のような深層学習ベースの手法も適用できます。

Step (2)：次に，全画像を総当たりで，あるいは，Bag of Words (BoW) [98, 99] による高速類似画像検索や GPS の位置情報などで絞った近傍画像に対し，抽出した局所特徴量を用いて 2D-2D の特徴点マッチングを行います（図 14）。このとき，F, E, H の行列を用いた RANSAC (3.3 項，3.4 項) により，特徴点の誤対応除去と幾何モデルの推定を行います。

Step (3)：Step (2) で得られた対応点を利用して，カメラ姿勢を推定します。最初の画像ペアに対しては，シーンの 3D 点が存在しないため，E または H を分解して相対姿勢 R, t を推定します。カメラの内部パラメータ K が未知の場合は，光学中心 (c_u, c_v) を画像中心，焦点距離 f を適当な初期値に設定した上で，(c_u, c_v) は固定し，焦点距離 f はバンドル調整で最適化します。また，3 枚目以降の画像に対しては，復元した 3D 点に対して，2D-2D の特徴点対応から 2D-3D の対応を推定し，PnP 問題 (3.5 節) を解くことでカメラ姿勢を推定します。COLMAP では EPnP [76] を利用します。

Step (4)：Step (2), (3) で推定した対応点とカメラ姿勢を利用し，三角測量 (3.6 項) で 3D 点を復元します。新たな視点が加わることで，1 つの視点でしか観測されていなかった特徴点を新たに復元することができます。

Step (5)：新たな画像が追加されるたびに，Step (3), (4) で推定したカメラ姿勢と 3D 点の座標を，バンドル調整 (3.7 項) で最適化します。逐次的にバンドル調整を行うことで，次の入力画像に対してより精度が高い 3 次元マップを与え，処理のロバスト性を向上させます。

4 特徴点ベースの Visual SLAM の基礎

本節では，特徴点ベースの Visual SLAM システムについて，ORB-SLAM [45] をベースとして説明します [30, 34, 37, 39, 40]。図 20 にシステム構成図を，図 21 に詳細な処理フローを示します。ORB-SLAM は以下の 3 つのスレッドから構成されます。

45) 特に ORB-SLAM2 [39, 40] について説明します。

トラッキング（tracking）：ローカルマップに対して毎フレームのカメラ姿勢を推定します。具体的な処理は，特徴点抽出，マップの初期化，2D-3D マッチング，motion-only BA，キーフレーム[46] 判定から構成されます。

46) 特徴点ベースの場合，キーフレームは，カメラ姿勢，2D および 3D の特徴点座標とその特徴量などを有しています。

ローカルマッピング（local mapping）：トラッキングスレッドで追加判定されたキーフレームを利用して 3D 点の復元を行います。具体的な処理は，キーフレームと 3D 点の追加および削除，local BA から構成されます。

ループクロージング（loop closing）：センサが同じ場所に戻る，つまり相対姿勢の累積が 0 になる拘束条件を利用して，カメラ姿勢の推定誤差を修正します。具体的な処理は，ループ候補検出（loop detection），Sim(3) 推定，ループ構築（loop fusion），スケールドリフトを考慮したポーズグラフ最適化（pose graph optimization; PGO），global BA[47] から構成されます。

47) ORB-SLAM2 では，ループクロージングのスレッド内で global BA（図 20 では full BA）のスレッドを生成しています。

さらに，類似画像検索と特徴点マッチングのための Vocabulary tree（4.1 項）や，マップとしての 3D 点とキーフレーム，各種グラフ構造（4.2 項）が保持されます。特に，マップに関しては，スレッド間で競合[48] が起きないようにデータの Read/Write を管理します。

48) 同一または関連データに対して，Read/Write が同時に発生し不整合が生じること。

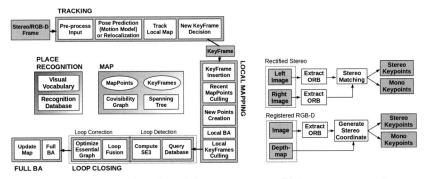

(a) System Threads and Modules (b) Input pre-processing

図 20 ORB-SLAM のシステム構成図（図は文献 [39] から引用）

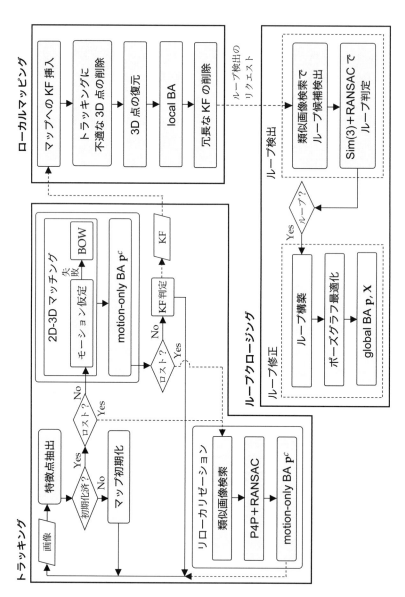

図 21 ORB-SLAM システム [37, 39, 40] の処理フロー（文献 [9] から引用）

4.1 Bag of Words を利用した類似画像検索

Visual SLAM では，ループ検出やリローカリゼーションをリアルタイムで処理するために，Bag of Words（BoW）を利用した高速な類似画像検索を行います [100, 101, 102]。マップが大きくなるにつれて，ループ候補のキーフレーム数が増大するため，3.4 項で説明したような，局所特徴量の最近傍探索と RANSAC による幾何検証（geometric verification）をすべての候補に対して実行することは困難になります。この問題を解決するために，BoW を利用して高速に類似画像の候補を絞り，その候補に対してのみ幾何検証でループを判定します[49]。

BoW は，画像を局所特徴量の集合と見なし，そのヒストグラムを画像全体の特徴量として比較することで類似度を計算します。具体的には，局所特徴量の集合を k-means 法 [103] などを用いてクラスタリングし，そのクラスの出現頻度を画像全体の特徴量とします。この分類されたクラスをワード（word）と呼びます[50] [51]。大規模データに対して高速な検索を可能とするため，k-means 法で階層的クラスタリングを行って Vocabulary tree を構築する方法も提案されています [98]。さらに，BoW と Vocabulary tree をバイナリ特徴量に拡張した手法として，2012 年に DBOW [105] が提案されています（図 22 (a)）。

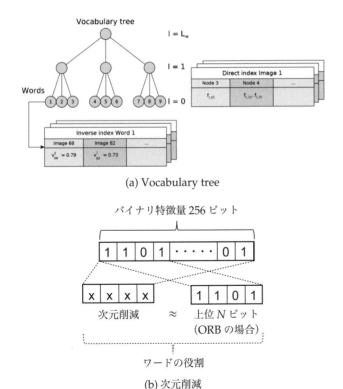

(a) Vocabulary tree

バイナリ特徴量 256 ビット

次元削減　　≈　　上位 N ビット
　　　　　　　　（ORB の場合）

ワードの役割

(b) 次元削減

図 22　(a) 特徴量をワード変換するための Vocabulary tree（画像は文献 [105] から引用）。(b) バイナリ特徴量の次元削減によるワード変換（文献 [9] から引用）。

[49] 3.8 項の Step (2) で触れたとおり，SfM でも大規模画像に対し GPS などを用いてマッチング候補を絞れない場合は，BoW を利用して候補を絞る場合があります。

[50] BoW は，初めに自然言語処理で，文章中の単語の出現頻度から文章をベクトル化する方法として提案され，それが画像の特徴量計算に応用されています。そのため，画像特徴の場合を特に，Bag-of-Visual Words, Bag of Keypoints, Bag of Features と呼ぶこともあります。

[51] 出現頻度が高く識別性の低いワードの重みを小さくするために tf-idf（term frequency - inverse document frequency）[104] を利用します。

画像間の類似度

　2つの画像特徴 $\mathbf{v}_1, \mathbf{v}_2$ 間の類似度（あるいは非類似度）には，L_1, L_2 ノルム，コサインを利用するものなど，さまざまな定義が存在します．文献 [98] では，L_2 ノルムよりも L_1 ノルムを用いたほうが精度が高いと報告されており，DBOW2 [106] を利用する ORB-SLAM でも，L_1 ノルムを用いた類似度 $s(\mathbf{v}_1, \mathbf{v}_2)$ $(0 \le s \le 1)$ が利用されています．

$$s(\mathbf{v}_1, \mathbf{v}_2) = 1 - \frac{1}{2}\left|\frac{\mathbf{v}_1}{|\mathbf{v}_1|} - \frac{\mathbf{v}_2}{|\mathbf{v}_2|}\right| \tag{41}$$

次元削減によるワード変換

　特徴量のワード変換は，k-means 法のようなクラスタリングだけではなく，次元削減する方法も考えられます．たとえばバイナリ特徴の場合，図 22 (b) のように，主成分分析 [107] やハッシングなどの何らかの方法を用いて元の 256 ビットの特徴ベクトルをより低次元の N ビットへ変換し，この N ビットをワードと見なすことができます [108, 109]．特に ORB 特徴量の場合は，その特性 [31] から，上位[52] の N ビットをそのままワードとして扱うことが可能です [110]．

　ORB 特徴量は，2 画素の輝度値の大小を比較するバイナリテストを各ビットに対して行い，0, 1 を決定します．バイナリテストのパターン（画素対のリスト）は任意のデータセットで学習されており，識別性の大小でソートされています [31]．そのため，識別性が高い上位 N ビットが一致している特徴量は，類似と見なすことができます．この判定はビット値の取得のみで行えるため，BoW のようなツリーを利用したワード変換も不要で，非常に高速です．ORB の文献 [31] では，バイナリパターンを PASCAL2006 データセット [111] で学習しています．

[52] 上位か下位かはソートの実装によります．

4.2　キーフレームのグラフ構造

　Visual SLAM では，共有視野の判定や全体最適化を効率的に行うために，キーフレーム間の接続関係を無向グラフで表します（図 23）．

[53] ORB-SLAM では 15 点．

Covisibility Graph：共有 3D 点を一定数[53] 以上もつキーフレーム間でエッジを張った無向グラフです（図 23 (b)）[35]．Covisibility Graph を利用することで，トラッキングやローカルマッピング，ループ検出，リローカリゼーションなどにおいて，視野（3D 点）を共有しているキーフレームを効率的に検索できます．

Essential Graph：Covisibility Graph の Spanning Tree（全域木，図 23 (c)）に加えて，ループ検出したキーフレーム間，さらに Covisibility よりも多くの

 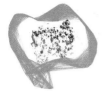  

(a) KeyFrames(blue), Current Camera (green), MapPoints (black, red), Current Local MapPoints (red)

(b) Covisibility Graph

(c) Spanning Tree (green) and Loop Closure (red)

(d) Essential Graph

図 23　キーフレームのグラフ構造。(a) キーフレームと 3D 点，(b) Covisibility Graph，(c) Covisibility Graph の全域木，(d) Essential Graph。（図は文献 [37] から引用）

3D 点[54] を共有するキーフレーム間でエッジを張った無向グラフです（図 23 (d)）[37]。Covisibility Graph は密な接続になりやすいため，エッジを削減した Essential Graph で効率的にポーズグラフ最適化を行います。

54) ORB-SLAM では 100 点以上。

4.3　トラッキング

Visual SLAM では，PTAM [30] 以降，トラッキングとマッピングは別スレッド化され，初期化後は毎フレームに対してカメラ姿勢のみを推定する方法が主流になっています。主な処理の流れは以下のとおりです。

- マルチスケールおよび画像全体からの一様な特徴点抽出
- マップの初期化（初期化した場合は次のフレームへスキップ）
- 復元済みのマップに対する 2D-3D マッチング
- 対応点を利用して motion-only BA などで現在フレームの姿勢を推定
- フレームの経過数とトラッキング点数に基づくキーフレーム判定

特徴点抽出

特徴点マッチングにおいて，スケール不変性を獲得するために，一定の比率でダウンサンプルした複数の異なる解像度の画像（イメージピラミッド; image pyramid）が一般的に利用されます [65]。PTAM [30] では，解像度を 1/2 ずつ落とした 4 レベルのイメージピラミッドを利用して，パッチの類似度を比較しています。ORB [31] の特徴量もスケール不変性がないためイメージピラミッドを利用しており，ORB-SLAM では OpenCV [112] の実装をベースとし，倍率 1/1.2，レベル数 8 に設定しています。

さらに，トラッキングとカメラ姿勢の推定を安定的に行うためには，画像全体

から一様に特徴点を抽出する必要があります。そのため，ORB-SLAM では画像全体をスケールごとにグリッド分割して，閾値を調整することで，各グリッド最低 5 点抽出します。もし，テクスチャが少ない，あるいはコントラストが小さいためにコーナー点を検出できなければ，グリッドごとに保持するコーナー数を調整します。この画像全体から一様にサンプルする方法は，直接法の DSO [45] でも採用されています。

マップの初期化

マップが完全に未知の場合，2 フレームを選択してカメラ姿勢とマップを同時に推定する必要があります（図 24）。1 枚目と 2 枚目の画像の間で，3.4 項で説明したとおり，特徴点の仮対応から RANSAC で誤対応除去と幾何モデルの推定を行うことで，カメラの相対姿勢および 3D 点の復元を行います。

カメラの相対姿勢 R, t を推定する幾何モデルとして，基礎行列 F，基本行列 E，ホモグラフィ行列 H があります。ORB-SLAM では，文献 [113] で提案された統計的なモデル選択アルゴリズムと同様の原理で，F と H の両方に対して正しい対応点のスコアを計算し，そのスコアの比率から，シーンが平面（あるいは相対姿勢が回転のみ）か否かを推定します。シーンが平面的であれば H を，そうでなければ F を用いて R, t を推定します。そのほかに，カメラの内部パラメータが既知であることを利用して，5 点アルゴリズム [73, 114, 115] により直接 E を推定する方法もあります [32]。

推定したカメラ姿勢と誤対応を除去した対応点から 3D 点を復元し，full BA（3.7 項）で最適化します。さらに，単眼カメラの場合は，スケールが不定であるため，ORB-SLAM では，3D 点の奥行きの中央値が 1 になるように復元結果のスケーリングも行っています。

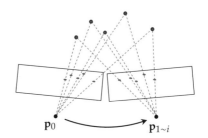

図 24　2 フレームでマップを初期化（成功するまで繰り返し）（文献 [9] から引用）

2D-3D マッチング

3D 点と画像中の 2D 点の対応付けを行う方法として，(i) 3D 点を画像平面へ投影する直接的な方法と，(ii) 画像間で 2D-2D マッチングを行う間接的な方法の 2 種類があります[55]。いずれの方法も，動画の連続性を利用して探索範囲を削減し，高速なマッチングを実現しています。MonoSLAM [27, 28] や PTAM [30]，ORB-SLAM [37, 39, 40] などは，(i) の方法を採用しています [32]。

55) DROID-SLAM [47] では，この 2 つの結果が一致することを制約として学習しています。

(i) 3D 点の画像平面への投影

過去 2 フレームのカメラの運動から次の姿勢を予測し，その画像平面に対して既存の 3D 点を投影することで 2D 点とマッチングします（図 25）。カメラの運動は，等速度・等角速度モデルやそれに類似したものが利用されます [27, 28, 30, 32, 37, 39, 40]。VIO/VISLAM のように，IMU などのセンサから角速度や加速度を直接取得できる場合は，過去の運動と統合してより高い精度で次のカメラ姿勢を予測できるため，トラッキングのロバスト性が向上します。

さらに，ORB-SLAM では，マッチングが失敗，つまりモーション仮定が破綻した場合，BoW を利用したマッチングを試みます。局所特徴量のみを用いたマッチングでは，2D 点と 3D 点の全対応を計算する必要がありますが，同じワードに属する特徴点のみに探索範囲を絞ることでリアルタイム処理を実現しています [37, 105]。

(ii) 2D-2D マッチング

特徴点の微小変位を仮定して輝度勾配から特徴点対応を計算する Kanade-Lucas-Tomasi（KLT）feature tracker [116, 117] や，範囲を限定した特徴点マッチング [29] を利用して，オプティカルフロー（画素の移動量）を推定します [16, 118, 119]。そして，この 2D-2D マッチングの結果から，計算済みの前フ

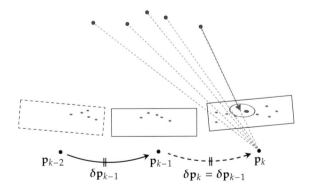

図 25　等速度・等角速度などでカメラの運動を仮定し，3D 点の逆投影により 2D 点とマッチング（文献 [9] から引用）

レームの 2D-3D マッチングを介して，現在フレームの 2D 点と復元済みの 3D との対応関係を計算します。

カメラの初期姿勢推定

前フレームで観測された 3D 点と現在フレームの 2D 点の対応により，カメラの初期姿勢を推定します。前述の 2D-3D マッチングの結果を利用して，カメラ姿勢を motion-only BA（3.7 項）などで推定します。上述のカメラの運動モデルで予測したカメラ姿勢，あるいは前フレームのカメラ姿勢を初期値として，再投影誤差が最小になるようにカメラ姿勢を推定します。

また，トラッキングが失敗した場合は，大域的なリローカリゼーションを行います。4.1 項の BoW を利用した類似画像検索で候補として選出された各キーフレームに対して，上述の BoW を利用した高速な特徴点マッチングで仮対応を与えます。そして，EPnP による P4P [76] を用いた RANSAC と motion-only BA で，誤対応除去とカメラの初期姿勢推定を行います。

対応点の追加とカメラ姿勢の高精度化

推定したカメラの初期姿勢をガイドして，ローカルマップの 3D 点に対して追加で対応点を探索し，それらを利用して再度 motion-only BA でカメラ姿勢を高精度化（refinement）します。ローカルマップは，現在フレームと 3D 点を共有しているキーフレーム群 $\mathcal{K}_1$ と，Covisibility Graph 上で $\mathcal{K}_1$ に隣接するキーフレーム $\mathcal{K}_2$ から構成されます。

キーフレーム判定

キーフレームの数が少ないほど，ループ検出やバンドル調整，リローカリゼーションに要する計算量が少なくなります。一方で，キーフレームを適切に挿入しないと 3D 点を十分に復元できず，トラッキングの失敗やバンドル調整の精度低下をもたらします。そのため，キーフレームの挿入は，視野の変化，トラッキングの質，前回挿入時からの経過フレーム数などの観点から決定されます。ORB-SLAM では，冗長なキーフレームや 3D 点を後の処理で削除することを前提に，PTAM よりも緩和した以下の条件を設定しています。

(1) 現在フレームの追跡点数が参照キーフレームの 90% 以下
(2) 現在フレームの追跡点数が 50 点以上
(3) 大域的なリローカライズから 20 フレーム以上経過
(4) ローカルマッピングがアイドル状態，または，前回のキーフレーム挿入から 20 フレーム以上経過

条件 (1) は最低限の視野の変化，条件 (2), (3) はおのおのトラッキング，リローカライズがうまくできているかの確認です。また，挿入されたキーフレームをすぐ処理できるように，ローカルマッピングが local BA を実行中の場合は，停止信号を送信してアイドル状態にします（条件 (4)）。(1)〜(4) の条件がすべて満たされたときにキーフレームが挿入されます。

4.4　ローカルマッピング

　マッピングスレッドでは，トラッキングスレッドからキーフレームを受け取り，3D 点を復元します。ORB-SLAM では，ローカルマッピングと全体最適化を行うループクロージングを別スレッドにすることで，トラッキング用のローカルマップを常時最新に保つことができます。ORB-SLAM のローカルマッピングは，マップへのキーフレーム挿入 → トラッキングに不適な 3D 点の削除 → 3D 点の復元 → local BA → 冗長なローカルキーフレーム削除，の順に処理されます。詳細を以下に示します [37]。

マップへのキーフレーム挿入

　まず，新たに追加されたキーフレーム K_i に対し，ループ検出の類似画像検索用の BoW，つまり，各特徴量のワードと，画像全体の特徴量を計算します。次に，K_i と 3D 点の関係付けを行い，3D 点の法線ベクトルなどの幾何的なパラメータと特徴量を更新します。そして，Covisibility Graph にノード K_i を追加し，他のキーフレームとの共有 3D 点からエッジを更新します。この際に，Essential Graph にも K_i とのリンクを追加します。

トラッキングに不適な 3D 点の削除

　直近に追加された 3D 点のうち，トラッキングに適したもののみをマップとして保持するために，低質な 3D 点を削除します。具体的には，ある 3D 点に対して，一定の視野内に入っているトラッキングフレームのうち，対応付くフレームが一定の割合（たとえば 25%）以上，かつ，一定数（たとえば 3 つ）以上のキーフレームで観測される場合のみ，その 3D 点を保持し，それ以外の場合は削除します。

3D 点の復元

　キーフレーム K_i の未復元の 2D 点に対して，周囲のキーフレーム $\mathcal{K}_c$ の 2D 点とマッチングして，3D 点を復元します。まず，シーンの奥行きに対してキーフレーム間のベースラインが短すぎないかを確認します。次に，BoW を利用した高速な 2D マッチングを行い，基礎行列 F を用いたエピポーラ拘束（3.3 項）

で誤対応を除去します。十分な視差がある場合は三角測量で 3D 点を復元し，その奥行きが正，つまりカメラ前方に復元されているかを確認します。さらに，再投影誤差を用いたカイ 2 乗検定によるアウトライア判定と，スケールの整合性の確認を行い，これらを通過すればマップ点として追加されます。また，三角測量を行った 2 つのキーフレーム以外からも復元した 3D 点が観測されている可能性があるため，他のキーフレームの画像平面に投影して対応点を探索します。

local BA

ORB-SLAM の local BA では，最新キーフレーム K_i，Covisibility Graph 上で K_i と接続されている周囲のキーフレーム $\mathcal{K}_c$，K_i と $\mathcal{K}_c$ から観測されているすべての 3D 点 $\mathbf{X}_{\mathrm{vis}}$ を最適化変数とし，他の変数はすべて固定します（3.7 項）。復元した 3D 点には，誤対応や悪条件の三角測量などによりアウトライアが含まれる可能性があるため，アウトライアを除去しながら最適化を行います。アウトライアとして判定された 3D 点はマップから削除されます。

冗長なローカルキーフレームの削除

バンドル調整の計算量を削減するため，他のキーフレームと同様の観測情報を有する冗長なローカルキーフレームを削除します。ORB-SLAM の条件では，周囲のキーフレーム $\mathcal{K}_c$ のうち，観測している 3D 点の 90% 以上が，3 つ以上の他のキーフレームから同じあるいはより精細なスケール（つまり近い距離）で観測されているものをすべて削除します。

4.5　ループクロージング

ループクロージングスレッドでは，カメラが未知領域から計測済みの領域に戻ってきたことを認識し，相対姿勢の累積が 0 になることを利用して，カメラ軌跡全体を修正します。ループクロージングの処理はループ検出とループ修正の 2 つに大きく分かれます。図 21 の処理フローが示すように，最新キーフレーム K_i のローカルマッピング完了後にループ検出が実行され，類似画像検索によるループ候補検出 → Sim(3) 推定によるループ判定，の順で処理されます。そして，ループが検出された場合のみ，Sim(3) 推定の結果を受け取り，ループ構築 → スケールドリフトを考慮したポーズグラフ最適化 → global BA，の順でループ修正が行われます。

類似画像検索によるループ候補検出

最新と候補(過去)のキーフレーム間で類似度を計算し，空間的および時間的な整合性からループを検出します。ORB-SLAM2 [37] や DBOW [105]，Kimera [17]

で用いられているようなルールベースの方法と，キーフレームのグラフ構造をトポロジカルなマップ（topological map）と見なして確率的に推定する方法 [120, 121, 122, 123] の 2 つが主に挙げられます。前者は基本的に画像特徴のみを利用するのに対し，後者では移動体の Odometry や他のセンサ情報も確率的に統合できます。ここでは ORB-SLAM2 の方法を紹介します。

ORB-SLAM2 では，BoW を利用した共有ワード数による候補削減を行い，さらに，Covisibility Graph を利用して周辺キーフレームの類似度と時間的な連続性も考慮して候補を絞ります。具体的な手順は以下のとおりです[56]。

56) ここではキーフレームを KF と略記します。

1) 全 KF のうち，最新 KF とその隣接 KF，最新 KF と共有ワード数が少ない候補 KF を除外
2) 候補 KF とその周辺 KF の，最新 KF に対する類似度を合計し，その合計スコアが低い候補 KF を除外（図 26 (a)）

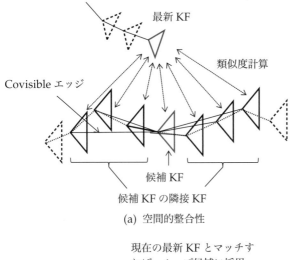

(a) 空間的整合性

(b) 時間的整合性

図 26　ループ候補検出の計算方法。(a) 最新 KF に対する候補 KF とその周辺 KF の類似度を計算して合計。(b) 隣接 KF において連続で判定条件を通過。（文献 [9] から引用）

3) 隣接 KF において，上記の判定を一定回数連続で通過した候補 KF のみを
ループ候補として検出（時空間的な連続性，図 26 (b)）

上記の処理で候補として検出されたキーフレームに対してのみ，Sim(3) 推定
と RANSAC による幾何検証を行いループを判定します（3.4 項，3.7 項）。各
キーフレームは 3D 点が復元済みのため，その形状を比較して類似度を推定でき
ます。しかし，既述のとおり，単眼カメラの場合はスケールドリフトが発生す
るため，3 次元の相似座標変換 Sim(3) により 3D 点を座標変換して比較します。

複数の 3D 点の対応から Sim(3) のパラメータ S を推定する方法は，Horn [124]
や梅山 [125] の手法など複数存在しますが，ORB-SLAM2 では Horn の手法を
利用しています。RANSAC で推定した仮の S をガイドとして再度対応点を探
索し，その対応点を利用して Sim(3) に拡張した motion-only BA で最適化され
た $\hat{S}$ を得ます。この $\hat{S}$ を利用して正しい対応点を改めて推定し，その数が一定
数以上であればループキーフレーム K_l として判定します（図 27 (a)）。

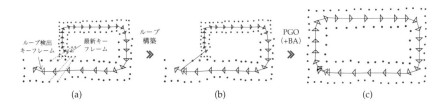

図 27　ループ修正の概要。(a) 最新キーフレームとループ検出したキーフレー
ム間で推定された相似座標変換 S により，(b) 最新キーフレームとその 3D 点を
移動してループを構築。最後に，(c) ポーズグラフ最適化と global BA により累
積誤差を修正。（文献 [9] から引用）

推定された Sim(3) の相似座標変換 $\hat{S}$ を，最新キーフレーム K_i およびその周
辺キーフレーム $\mathcal{K}_c$ と，$K_i, \mathcal{K}_c$ から観測される 3D 点 $\mathbf{X}_i, \mathbf{X}_c$ へも適用し，検出
されたループキーフレーム K_l 側に移動します（図 27 (b)）。さらに，K_l の周辺
キーフレームから観測されている 3D 点 $\mathbf{X}_l$ を，移動した $K_i', \mathcal{K}_c'$ に投影して 2D
点と関係付けを行い，もし 3D 点が重複すれば統合します。

センサが同一地点に戻ってきたという制約を利用して，カメラ軌跡の誤差を
修正する枠組みがポーズグラフ最適化（以下 PGO）です。特に単眼カメラの場
合，スケールドリフトが存在するため（図 28 (a)），6 自由度の PGO を行って

(a) before optimisation　(b) 6 DoF optimisation　(c) 7 DoF optimisation　(d) aerial photo

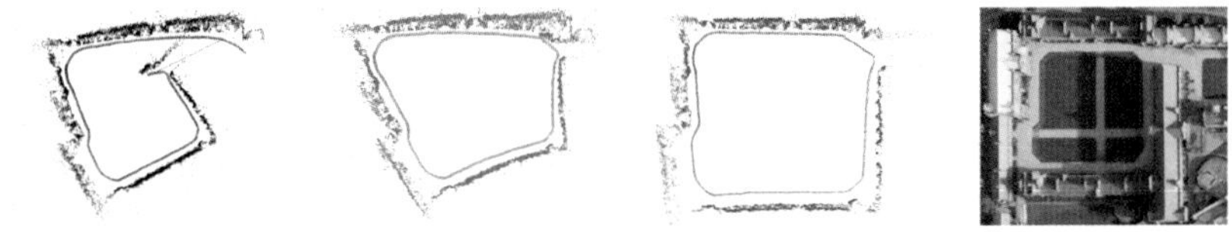

図 28　スケールドリフトを考慮したポーズグラフ最適化（PGO）。(a) Visual Odometry の推定結果。スケールドリフトにより大きな誤差が発生。(b) 6 自由度の PGO。(c) スケールドリフトを考慮した 7 自由度の PGO。（図は文献 [34] から引用）

もスケールの誤差を修正できず，大きく歪んだ軌跡になってしまいます（図 28 (b)）。このような誤差に対して，スケールドリフトを考慮した 7 自由度の PGO を行うと，図 28 (c) のように大幅に誤差を修正できます。

　具体的には，絶対および相対のカメラ姿勢を表す剛体変換パラメータ $T_i, \Delta T_{ij} \in$ SE(3) を，それぞれ相似変換パラメータ $S_i, \Delta S_{ij} \in$ Sim(3) に変換します。そして，バンドル調整（3.7 項）と同様に，以下の残差とその和を定義します。

$$\mathbf{r}_s^{(i,j)} := \log_{\mathrm{Sim}(3)}(\Delta S_{ij} \cdot S_i \cdot S_j^{-1}) \qquad E(\mathbf{x}) := \frac{1}{2}\mathbf{r}_s^{\mathsf{T}}W_r\mathbf{r}_s \qquad (42)$$

$$\mathbf{x} := \left[\mathbf{s}^{(1)}, \dots, \mathbf{s}^{(m)}\right] \qquad \mathbf{r}_s(\mathbf{x}) = \begin{bmatrix} \mathbf{r}_s^{(1,2)} \\ \vdots \\ \mathbf{r}_s^{(m-1,m)} \end{bmatrix}$$

ただし，W は残差の重み行列，$\mathbf{s} \in \mathfrak{sim}(3)$ は S のリー環を表します。この誤差関数 $E(\mathbf{x})$ を最小化する S を，レーベンバーグ–マーカート法などの数値計算で推定します。つまり，相対姿勢 ΔS を制約（固定）条件として，絶対姿勢 S を最適化します。最後に，推定した S を利用し，各キーフレームが観測している 3D 点の位置も修正します。

global BA

　PGO ではカメラの相対姿勢のみを拘束条件として最適化しており，キーフレーム間での 3D 点の整合性は考慮していません。そのため，PGO の後に，すべてのカメラと 3D 点に対して，6 自由度のバンドル調整で大域的最適化を行います[57]。ローカルマッピングが並列処理しているため，global BA 完了後にループクロージングの最適化対象外のキーフレームや 3D 点へ修正量を伝搬します。

[57] ORB-SLAM [38] では PGO のみ。ORB-SLAM2 [40] から global BA が追加されています。

　ここまでは，自己位置推定と地図構築という Visual SLAM の最も基本的な機能に関して説明してきました。一方で，機械学習の発展に伴い，点群やメッシュなどの形状だけではなく，シーンの意味的理解に関する研究も盛んに行われています。また，その発展の裏返しとして，マップ共有によるシーンプライバシー漏洩のリスクも明らかにされています。本節では，今後の展開として，これらについて簡単に説明します。

5.1　シーンの意味的理解

　深層学習などの機械学習手法の発展に伴い，SLAM においてもセンサ姿勢とシーンの 3D 形状を推定するだけではなく，シーンの意味的理解を同時に行う研究が盛んに行われています。

　図 29 に示す CubeSLAM [14] では，単眼 Visual SLAM（ORB-SLAM）に 2D の物体検出器を導入し，3D Bounding Box [58] を同時に推定します。物体レベルの観測を導入することにより，特徴点を検出しにくいテクスチャレスな環境においても，物体自身をランドマークとしたトラッキングが可能です。また，ClusterVO [126] では，ステレオカメラを用いた VO において，2D の物体検出器を導入することで動的な 3D BB を推定できます（図 30）。

　また，VISLAM システムの Kimera [16, 17] は，図 31 のように，意味的な 3D メッシュ（semantic 3D mesh）モデルを構築することが可能です。さらに，これらの意味的な 3D メッシュモデルから図 32 のような 3D ダイナミックシーングラフ（3D DSG）を構築することも可能です。3D DSG は 5 つの異なる抽象度のレイヤーで構成されます。

Layer 1　Metric-Semantic Mesh：意味的な 3D メッシュ
Layer 2　Objects and Agents：静的物体（非構造物），動的物体（人，ロボットなど）

(a)　　　　　　　　　　　　　　　　　　(b)

図 29　2D 物体検出を導入した単眼 Visual SLAM による 3D 物体検出（画像は文献 [14] から引用）

58) Bounding Box：物体を囲む矩形領域（以下では BB と略記します）。

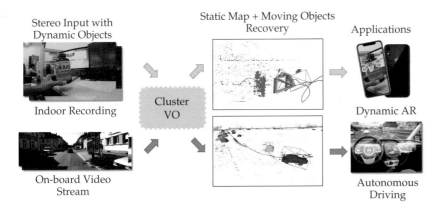

図 30　3D 物体の移動軌跡を同時推定可能な VO（画像は文献 [126] から引用）

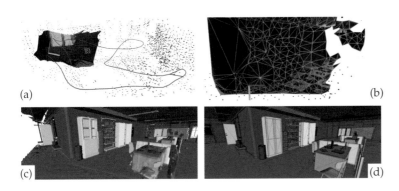

図 31　VISLAM による意味的な 3D メッシュの復元（図は文献 [16] から引用）

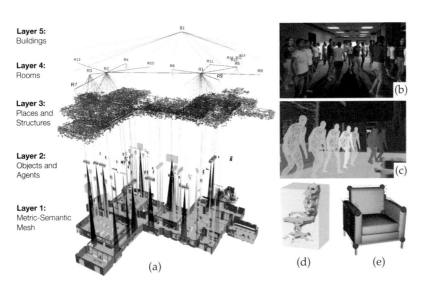

図 32　3D ダイナミックシーングラフの例（図は文献 [17] から引用）

Layer 3　Places and Structures：移動可能領域（フリースペース），構造物

Layer 4　Rooms：部屋，廊下，玄関

Layer 5　Buildings：建物

Layer 5 がトップの親ノードとなり，その子ノードとして Layer 4 から Layer 1 が順に繋がっています。Kimera では，センサから得られたデータを Layer 1 の意味的な 3D メッシュに変換し，このメッシュからより抽象度の高いレイヤーの情報を自動生成します。

上記の手法を用いた 3D BB の推定や，センサデータの抽象度に応じた階層データへの変換などにより，単純なシーンの形状だけではなく，何が，いつ，どこで，何をしたかなど，より高度な空間的な理解が可能となります。そのため，これらを用いたロボットの行動計画など，さまざまな応用が期待されます。

5.2　マップの共有とシーンプライバシーの問題

AR アプリやサービスロボット，自動運転車などの普及に伴い，マップ共有の重要性が高まっています。他者が作成したマップを共有することで，計測やマッピングのコストを削減できるほか，同一空間におけるユーザー体験の提供など，より質の高いサービスを提供できるようになります。それと同時に，シーンプライバシーが侵害されるリスクも発生します。

Francesco Pittaluga らは 2019 年に，SfM で復元した 3D 特徴点群から元のシーン画像を復元できることを明らかにしました [127]（図 33）。つまり，3D 特徴点群から視覚的に直接読み取ることが難しいシーンに含まれるセンシティブな情報（たとえば誰がどこにいるか，何が書かれているか）を画像として取得できます。もし，特定のユーザー間のみで共有されるマップ，あるいは意図せずユーザーのプライバシーや機密情報（文字，建物の詳細な構造など）が含まれたマップを，悪意のある第三者が取得したら，反転攻撃（inversion attack）

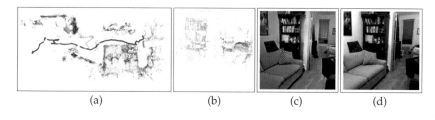

(a)　　　　　　　(b)　　　　　　　(c)　　　　　　　(d)

図 33　3D 特徴点群を用いたシーン画像の復元。(a) SfM で復元した 3D 特徴点群とカメラ軌跡（赤線），(b) 3D 特徴点群を任意のカメラ視点に投影した画像，(c) (b) から推定したシーン画像，(d) 元のシーン画像（正解データ）。（図は文献 [127] から引用）

によりそれらの情報を盗み見される危険性があります。

　また，マップの共有だけではなく，ユーザーが画像をサーバーに送信し，ローカリゼーションやマッピング（SfM）を行う際にも注意が必要です。サーバー管理者は，ユーザーや被写体のプライバシーを考慮して，マッピングに必要なデータ，つまり 2D 特徴点群（図 34 (a) 中央）のみを収集しようと考えます。しかし，上述の反転攻撃からも明らかなとおり，2D 特徴点群だけでも，元のシーン画像を復元されてしまいます（図 34 (b) 中央）。

　これらの問題を解決するために，点群をランダムな方向を有する直線群に置き換える，つまり，1 次元分の情報を欠落させることで曖昧性をもたせ，シーンの情報を秘匿する技術が提案されています。前者のマップ共有のリスクに対して，Pablo Speciale らは 2019 年に，3D 点群を 3D 直線群に置き換えたマップを利用して，単一画像のローカリゼーションを行う手法を発表しました [129]（図 35）。さらに，同著者らは同年に，サーバーに画像を送信する際のリスクに対して，2D 点群を 2D 直線群に置き換えた状態で画像のローカリゼーションを行う方法も提案しています [128]。図 34 (b) 右に示すように，マップ上に存在しないものの点はサーバー側で復元できないため，ユーザーが送信する画像コンテンツのプライバシーは保護されます。

Query Image　　　2D Feature Points　　　2D Feature Lines

(a) 2D 特徴点の 2D 直線化

Query Image　　　Inversion　　　Inversion
　　　　　　　(all features)　　(only revealed features)

(b) 2D 特徴点を用いた元画像の復元

図 34　(a) 左から，入力画像，検出した 2D 特徴点群，2D 特徴点群から変換した 2D 直線群。(b) 2D 特徴点群または直線群を用いたシーン画像の復元結果。左から，元画像，画像から検出されたすべての 2D 特徴点を利用した復元，ローカリゼーションにより復元された 2D 特徴点群のみを利用した復元。((a), (b) ともに文献 [128] から引用)

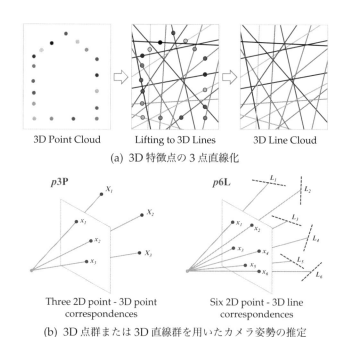

(a) 3D 特徴点の 3 点直線化

*p*3P — Three 2D point - 3D point correspondences

*p*6L — Six 2D point - 3D line correspondences

(b) 3D 点群または 3D 直線群を用いたカメラ姿勢の推定

図 35　(a) 3D 点群の 3D 直線群への変換。(b) 3 組の 2D-3D 点（*p*3P）と，6 組の 2D 点と 3D 直線（*p*6L）の対応をおのおの用いたカメラ姿勢の推定。((a), (b) ともに文献 [129] から引用)

　上記の研究を発展させ，Marcel Geppert らは 2020 年にプライバシー保護を考慮した SfM システムを発表しました [130]。2D 直線群のみから 3D 点群を復元できるため，画像内のプライバシーを保護しながら集めたデータでマッピングを行えます（図 36）。また，同年に，渋谷らはプライバシー保護を考慮した Visual SLAM システムを発表しました [131]。共有された既存の 3D 直線群マップに対して，リアルタイムでリローカリゼーションやトラッキング，マッピングを行うことができます（図 37 (a)）。さらに，ポーズグラフ最適化に加えて，ランダムな方向を有する 3D 直線に対して再投影誤差を定義することで global BA も可能とし，3D 直線群を含むマップのループクロージングを実現しました（図 37 (b)）。

　このようなプライバシー保護技術が提案される一方で，一定の条件下で 3D 直線群から 3D 点群を復元する反転攻撃の手法 [132] も提案されています。そのため，暗号化やネットワークセキュリティなどと同様に，保護技術の改善に加え，利用方法も含めて社会全体でシーンプライバシーを保護する仕組みを考えることが重要になります。

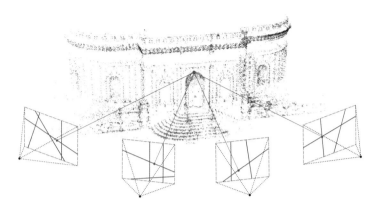

図 36 プライバシー保護を考慮した SfM（図は文献 [130] から引用）

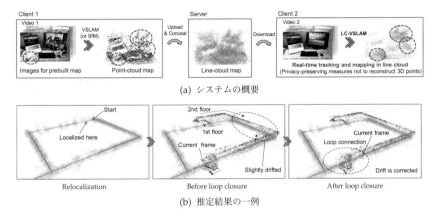

(a) システムの概要

(b) 推定結果の一例

図 37 プライバシー保護を考慮した Visual SLAM（図は文献 [131] から引用）

謝辞

　本稿執筆の機会を与えてくださった CVIM 研究会の皆様，作成にあたり議論し有益なコメントをいただいた金子真也様，渋谷樹弥様，坂東宜昭様，画像をご提供いただいた川上玲先生および「みんなの首里城デジタル復元プロジェクト」の皆様，図表の編集・引用をご快諾くださった藤吉弘亘先生，Daniel Cremers 先生，立野圭祐様，中野学様，日頃ご支援いただいている多くの皆様方に心より感謝申し上げます。

参考文献

[1] Andrew J. Davison. FutureMapping: The Computational Structure of Spatial AI Systems. *arXiv:1803.11288*, 2018.

[2] Andrew J. Davison and Joseph Ortiz. FutureMapping 2: Gaussian Belief Propagation for Spatial AI. *arXiv:1910.14139*, 2019.

[3] Frank Moosmann and Christoph Stiller. Velodyne SLAM. In *Intelligent Vehicles Symposium (IV)*, pp. 393–398, Baden-Baden, Germany, 2011.

[4] Ji Zhang and Sanjiv Singh. LOAM: Lidar Odometry and Mapping in Real-time. In *Robotics: Science and Systems*, Vol. 2, 2014.

[5] Ziyang Hong, Yvan Petillot, and Sen Wang. RadarSLAM: Radar Based Large-scale SLAM in All Weathers. In *International Conference on Intelligent Robots and Systems (IROS)*, pp. 5164–5170. IEEE, 2020.

[6] Ziyang Hong, Yvan Petillot, Andrew Wallace, and Sen Wang. Radar SLAM: A Robust SLAM System for All Weather Conditions. *arXiv:2104.05347*, 2021.

[7] Brian Ferris, Dieter Fox, and Neil D. Lawrence. WiFi-SLAM Using Gaussian Process Latent Variable Models. In *International Joint Conference on Artificial Intelligence (IJCAI)*, Vol. 7, pp. 2480–2485, 2007.

[8] Sameer Agarwal, Yasutaka Furukawa, Noah Snavely, Ian Simon, Brian Curless, Steven M. Seitz, and Richard Szeliski. Building Rome in a Day. *Communications of the ACM*, Vol. 54, No. 10, pp. 105–112, 2011.

[9] 櫻田健. Visual SLAM 入門 〜発展の歴史と基礎の習得〜. CVIM チュートリアル, 2021. https://speakerdeck.com/ksakurada/visual-slamru-men-fa-zhan-falseli-shi-toji-chu-falsexi-de.

[10] Davide Scaramuzza. Tutorial on Visual Odometry. http://mrsl.grasp.upenn.edu/loiannog/tutorial_ICRA2016/VO_Tutorial.pdf.

[11] Relja Arandjelovic, Petr Gronat, Akihiko Torii, Tomas Pajdla, and Josef Sivic. NetVLAD: CNN Architecture for Weakly Supervised Place Recognition. In *Conference on Computer Vision and Pattern Recognition (CVPR)*, pp. 5297–5307, 2016.

[12] Huizhong Zhou, Danping Zou, Ling Pei, Rendong Ying, Peilin Liu, and Wenxian Yu. StructSLAM: Visual SLAM with Building Structure Lines. *IEEE Transactions on Vehicular Technology*, Vol. 64, No. 4, pp. 1364–1375, 2015.

[13] Albert Pumarola, Alexander Vakhitov, Antonio Agudo, Alberto Sanfeliu, and Francese Moreno-Noguer. PL-SLAM: Real-time Monocular Visual SLAM with Points and Lines. In *International Conference on Robotics and Automation (ICRA)*, pp. 4503–4508. IEEE, 2017.

[14] Shichao Yang and Sebastian Scherer. CubeSLAM: Monocular 3D Object SLAM. *Transactions on Robotics*, Vol. 35, No. 4, pp. 925–938, 2019.

[15] Tong Qin, Peiliang Li, and Shaojie Shen. VINS-Mono: A Robust and Versatile Monocular Visual-inertial State Estimator. *Transactions on Robotics*, Vol. 34, No. 4, pp. 1004–1020, 2018.

[16] Antoni Rosinol, Marcus Abate, Yun Chang, and Luca Carlone. Kimera: An Open-source Library for Real-time Metric-semantic Localization and Mapping. In *International Conference on Robotics and Automation (ICRA)*, pp. 1689–1696. IEEE, 2020.

[17] Antoni Rosinol, Andrew Violette, Marcus Abate, Nathan Hughes, Yun Chang, Jingnan Shi, Arjun Gupta, and Luca Carlone. Kimera: From SLAM to Spatial Perception with 3D Dynamic Scene Graphs. *arXiv:2101.06894*, 2021.

[18] Sebastian Thrun, Wolfram Burgard, and Dieter Fox. *Probabilistic Robotics*. Intelligent

Robotics and Autonomous Agents. MIT Press, 2005.

[19] Cesar Cadena, Luca Carlone, Henry Carrillo, Yasir Latif, Davide Scaramuzza, José Neira, Ian Reid, and John J. Leonard. Past, Present, and Future of Simultaneous Localization and Mapping: Toward the Robust-perception Age. *Transactions on Robotics*, Vol. 32, No. 6, pp. 1309–1332, 2016.

[20] Davide Scaramuzza and Friedrich Fraundorfer. Visual Odometry [Tutorial]. *IEEE Robotics & Automation Magazine*, Vol. 18, No. 4, pp. 80–92, 2011.

[21] Hauke Strasdat, José Maria Martinez Montiel, and Andrew J. Davison. Scale Drift-aware Large Scale Monocular SLAM. In *Robotics: Science and Systems VI*. Robotics: Science and Systems Foundation, 2010.

[22] H. Christopher Longuet-Higgins. A Computer Algorithm for Reconstructing a Scene from Two Projections. *Nature*, Vol. 293, No. 5828, pp. 133–135, 1981.

[23] Christopher G. Harris and J. M. Pike. 3D Positional Integration from Image Sequences. *Image and Vision Computing*, Vol. 6, No. 2, pp. 87–90, 1988.

[24] Mark Maimone, Yang Cheng, and Larry Matthies. Two Years of Visual Odometry on the Mars Exploration Rovers. *Journal of Field Robotics*, Vol. 24, No. 3, pp. 169–186, 2007.

[25] Larry Matthies, Mark Maimone, Andrew Johnson, Yang Cheng, Reg Willson, Carlos Villalpando, Steve Goldberg, Andres Huertas, Andrew Stein, and Anelia Angelova. Computer Vision on Mars. *International Journal of Computer Vision (IJCV)*, Vol. 75, No. 1, pp. 67–92, 2007.

[26] Edward Rosten and Tom Drummond. Machine Learning for High-speed Corner Detection. In *European Conference on Computer Vision (ECCV)*, pp. 430–443. Springer, 2006.

[27] Andrew J. Davison, Ian D. Reid, Nicholas D. Molton, and Olivie Stasse. Real-time Simultaneous Localisation and Mapping with a Single Camera. In *International Conference on Computer Vision (ICCV)*, pp. 1403–1410, 2003.

[28] Andrew J. Davison, Ian D. Reid, Nicholas D. Molton, and Olivie Stasse. MonoSLAM: Real-time Single Camera SLAM. *Transactions on Pattern Analysis and Machine Intelligence (TPAMI)*, Vol. 29, No. 6, pp. 1052–1067, 2007.

[29] David Nistér, Oleg Naroditsky, and James Bergen. Visual Odometry. In *Conference on Computer Vision and Pattern Recognition (CVPR)*, Vol. 1, pp. I-652–I-659. IEEE, 2004.

[30] Georg Klein and David Murray. Parallel Tracking and Mapping for Small AR Workspaces. In *International Symposium on Mixed and Augmented Reality (ISMAR)*, pp. 225–234. IEEE, 2007.

[31] Ethan Rublee, Vincent Rabaud, Kurt Konolige, and Gary Bradski. ORB: An Efficient Alternative to SIFT or SURF. In *International Conference on Computer Vision (ICCV)*, pp. 2564–2571, 2011.

[32] Shiyu Song, Manmohan Chandraker, and Clark C. Guest. Parallel, Real-time Monocular Visual Odometry. *International Conference on Robotics and Automation (ICRA)*, pp. 4698–4705, 2013.

[33] Direct Sparse Odometry. https://www.youtube.com/watch?v=C6-xwSOOdqQ&t=130s.

[34] Hauke Strasdat, José Maria Martinez Montiel, and Andrew J. Davison. Scale Drift-aware Large Scale Monocular SLAM. *Robotics: Science and Systems VI*, Vol. 2, No. 3, p. 7, 2010.

[35] Hauke Strasdat, Andrew J. Davison, José Maria Martinez Montiel, and Kurt Konolige. Double Window Optimisation for Constant Time Visual SLAM. In *International Conference on Computer Vision (ICCV)*, pp. 2352–2359. IEEE, 2011.

[36] Raúl Mur-Artal and Juan D. Tardós. ORB-SLAM: Tracking and Mapping Recognizable Features. *Robotics: Science and Systems (RSS) Workshop on Multi VIew Geometry in RObotics (MVIGRO)*, 2014.

[37] Raul Mur-Artal, José Maria Martinez Montiel, and Juan D. Tardós. ORB-SLAM: A Versatile and Accurate Monocular SLAM System. *Transactions on Robotics*, Vol. 31, No. 5, pp. 1147–1163, 2015.

[38] ORB-SLAM. https://github.com/raulmur/ORB_SLAM.

[39] Raul Mur-Artal and Juan D. Tardós. ORB-SLAM2: An Open-source SLAM System for Monocular, Stereo, and RGB-D Cameras. *Transactions on Robotics*, Vol. 33, No. 5, pp. 1255–1262, 2017.

[40] ORB-SLAM2. https://github.com/raulmur/ORB_SLAM2.

[41] Carlos Campos, Richard Elvira, Juan J. Gómez Rodríguez, José Maria Martinez Montiel, and Juan D. Tardós. ORB-SLAM3: An Accurate Open-Source Library for Visual, Visual-Inertial, and Multi-Map SLAM. *arXiv:2007.11898*, 2020.

[42] Xiang Gao, Rui Wang, Nikolaus Demmel, and Daniel Cremers. LDSO: Direct Sparse Odometry with Loop Closure. In *International Conference on Intelligent Robots and Systems (IROS)*, pp. 2198–2204. IEEE, 2018.

[43] Richard A. Newcombe, Steven J. Lovegrove, and Andrew J. Davison. DTAM:Dense Tracking and Mapping in Real-time. In *International Conference on Computer Vision (ICCV)*, pp. 2320–2327, 2011.

[44] Jakob Engel, Thomas Schöps, and Daniel Cremers. LSD-SLAM: Large-Scale Direct Monocular SLAM. In *European Conference on Computer Vision (ECCV)*, pp. 834–849, 2014.

[45] Jakob Engel, Vladlen Koltun, and Daniel Cremers. Direct Sparse Odometry. *arXiv:1607.02565*, 2016.

[46] CNN-SLAM: Real-time Dense Monocular SLAM with Learned Depth Prediction. https://www.youtube.com/watch?v=z_NJxbkQnBU&t=123s.

[47] Zachary Teed and Jia Deng. DROID-SLAM: Deep Visual SLAM for Monocular, Stereo, and RGB-D Cameras. *arXiv:2108.10869*, 2021.

[48] Keisuke Tateno, Federico Tombari, Iro Laina, and Nassir Navab. CNN-SLAM: Real-time Dense Monocular SLAM with Learned Depth Prediction. In *Proceedings of the IEEE Conference on Computer Vision and Pattern Recognition (CVPR)*, July 2017.

[49] Nan Yang, Rui Wang, Jorg Stuckler, and Daniel Cremers. Deep Virtual Stereo Odometry: Leveraging Deep Depth Prediction for Monocular Direct Sparse Odometry. In

European Conference on Computer Vision (ECCV), pp. 817–833, 2018.

[50] Nan Yang, Lukas von Stumberg, Rui Wang, and Daniel Cremers. D3VO- Deep Depth, Deep Pose and Deep Uncertainty for Monocular Visual Odometry. In *Conference on Computer Vision and Pattern Recognition (CVPR)*, pp. 1281–1292, 2020.

[51] Daniel DeTone, Tomasz Malisiewicz, and Andrew Rabinovich. SuperPoint: Self-supervised Interest Point Detection and Description. *arXiv:1712.07629*, 2017.

[52] Paul-Edouard Sarlin, Daniel DeTone, Tomasz Malisiewicz, and Andrew Rabinovich. SuperGlue: Learning Feature Matching with Graph Neural Networks. *arXiv:1911.11763*, 2019.

[53] Clément Godard, Oisin Mac Aodha, and Gabriel J. Brostow. Unsupervised Monocular Depth Estimation with Left-Right Consistency. *arXiv:1609.03677*, 2016.

[54] Tinghui Zhou, Matthew Brown, Noah Snavely, and David G. Lowe. Unsupervised Learning of Depth and Ego-motion from Video. In *Conference on Computer Vision and Pattern Recognition (CVPR)*, pp. 1851–1858, 2017.

[55] Chengzhou Tang and Ping Tan. BA-NET: DENSE BUNDLE ADJUSTMENT NETWORKS. *arXiv:1806.04807*, 2018.

[56] Ariel Gordon, Hanhan Li, Rico Jonschkowski, and Anelia Angelova. Depth from Videos in the Wild: Unsupervised Monocular Depth Learning from Unknown Cameras. In *Proceedings of the IEEE/CVF International Conference on Computer Vision (ICCV)*, October 2019.

[57] Igor Vasiljevic, Vitor Guizilini, Rares Ambrus, Sudeep Pillai, Wolfram Burgard, Greg Shakhnarovich, and Adrien Gaidon. Neural Ray Surfaces for Self-supervised Learning of Depth and Ego-motion. In *International Conference on 3D Vision (3DV)*, pp. 1–11. IEEE, 2020.

[58] Benjamin Ummenhofer, Huizhong Zhou, Jonas Uhrig, Nikolaus Mayer, Eddy Ilg, Alexey Dosovitskiy, and Thomas Brox. DeMoN: Depth and Motion Network for Learning Monocular Stereo. In *Conference on Computer Vision and Pattern Recognition (CVPR)*, July 2017.

[59] Huizhong Zhou, Benjamin Ummenhofer, and Thomas Brox. DeepTAM: Deep Tracking and Mapping. In *European Conference on Computer Vision (ECCV)*, September 2018.

[60] Robert T. Collins. A Space-sweep Approach to True Multi-image Matching. In *Conference on Computer Vision and Pattern Recognition (CVPR)*, pp. 358–363. IEEE, 1996.

[61] Zachary Teed and Jia Deng. DEEPV2D: VIDEO TO DEPTH WITH DIFFERENTIABLE STRUCTURE FROM MOTION. *arXiv:1812.04605*, 2018.

[62] Michael Bloesch, Jan Czarnowski, Ronald Clark, Stefan Leutenegger, and Andrew J. Davison. CodeSLAM — Learning a Compact, Optimisable Representation for Dense Visual SLAM. In *Conference on Computer Vision and Pattern Recognition (CVPR)*, June 2018.

[63] Jan Czarnowski, Tristan Laidlow, Ronald Clark, and Andrew J. Davison. DeepFactors: Real-time Probabilistic Dense Monocular SLAM. *Robotics and Automation*

Letters (RAL), Vol. 5, No. 2, pp. 721–728, 2020.

[64] Zachary Teed and Jia Deng. RAFT: Recurrent All-pairs Field Transforms for Optical Flow. In *European Conference on Computer Vision (ECCV)*, pp. 402–419. Springer, 2020.

[65] 藤吉弘亘, 安倍満. 局所勾配特徴抽出技術. 精密工学会誌, Vol. 77, No. 12, pp. 1109–1116, 2011.

[66] David G. Lowe. Distinctive Image Features from Scale-invariant Keypoints. *International Journal of Computer Vision (IJCV)*, Vol. 60, No. 2, pp. 91–110, 2004.

[67] Richard Hartley and Andrew Zisserman. *Multiple View Geometry in Computer Vision*. Cambridge University Press, 2003.

[68] 出口光一郎. ロボットビジョンの基礎. コロナ社, 2000.

[69] ディジタル画像処理編集委員会. ディジタル画像処理 [改訂第二版]. 画像情報教育振興協会, 2020.

[70] 金谷健一, 菅谷保之, 金澤靖. 3 次元コンピュータビジョン計算ハンドブック. 森北出版, 2016.

[71] Olivier D. Faugeras and Francis Lustman. Motion and Structure from Motion in a Piecewise Planar Environment. *International Journal of Pattern Recognition and Artificial Intelligence*, Vol. 2, No. 03, pp. 485–508, 1988.

[72] Ezio Malis and Manuel Vargas. *Deeper Understanding of the Homography Decomposition for Vision-based Control*. PhD thesis, INRIA, 2007.

[73] David Nistér. An Efficient Solution to the Five-point Relative Pose Problem. *Transactions on Pattern Analysis and Machine Intelligence (TPAMI)*, Vol. 26, No. 6, pp. 0756–777, 2004.

[74] Martin A. Fischler and Robert C. Bolles. Random Sample Consensus: A Paradigm for Model Fitting with Applications to Image Analysis and Automated Cartography. *Communications of the ACM*, Vol. 24, No. 6, pp. 381–395, 1981.

[75] Christoph Strecha, Wolfgang Von Hansen, Luc Van Gool, Pascal Fua, and Ulrich Thoennessen. On Benchmarking Camera Calibration and Multi-view Stereo for High Resolution Imagery. In *Conference on Computer Vision and Pattern Recognition (CVPR)*, pp. 1–8. IEEE, 2008.

[76] Vincent Lepetit, Francesc Moreno-Noguer, and Pascal Fua. EPnP: An Accurate $O(n)$ Solution to the PnP Problem. *International Journal of Computer Vision (IJCV)*, Vol. 81, No. 2, p. 155, 2009.

[77] 中野学. Perspective-n-point 問題とその派生問題に対する安定かつ高速な解法に関する研究. 博士論文, 2021.

[78] 出口光一郎. コンピュータビジョン, グラフィックスのための射影幾何学 [iv]. 計測と制御, Vol. 30, No. 3, pp. 241–246, 1991.

[79] Bert M. Haralick, Chung-Nan Lee, Karsten Ottenberg, and Michael Nölle. Review and Analysis of Solutions of the Three Point Perspective Pose Estimation Problem. *International Journal of Computer Vision (IJCV)*, Vol. 13, No. 3, pp. 331–356, 1994.

[80] Seong Hun Lee and Javier Civera. Closed-form Optimal Two-view Triangulation Based on Angular Errors. In *International Conference on Computer Vision (ICCV)*,

2019.

[81] Ethan Eade. Lie Groups for 2D and 3D Transformations. http://ethaneade.com/lie.pdf, revised Dec, Vol. 117, p. 118, 2013.

[82] 金谷健一. 3 次元回転. 共立出版, 2019.

[83] Guillermo Gallego and Anthony Yezzi. A compact formula for the derivative of a 3-d rotation in exponential coordinates. *Journal of Mathematical Imaging and Vision*, Vol. 51, No. 3, pp. 378–384, 2015.

[84] Bill Triggs, Philip F. McLauchlan, Richard I. Hartley, and Andrew W. Fitzgibbon. Bundle Adjustment — A Modern Synthesis. In *International Workshop on Vision Algorithms*, pp. 298–372. Springer, 1999.

[85] 岡谷貴之. バンドルアジャストメント. 研究報告コンピュータビジョンとイメージメディア（CVIM）, Vol. 2009, No. 37, pp. 1–16, 2009.

[86] 金森敬文, 鈴木大慈, 竹内一郎, 佐藤一誠. 機械学習のための連続最適化. MLP 機械学習プロフェッショナルシリーズ. 講談社, 2016.

[87] Our Shurijo. https://www.our-shurijo.org/.

[88] Yasutaka Furukawa and Carlos Hernández. Multi-view Stereo: A Tutorial. *Foundations and Trends in Computer Graphics and Vision*, Vol. 9, No. 1-2, pp. 1–148, 2015.

[89] Johannes L. Schonberger and Jan-Michael Frahm. Structure-from-Motion Revisited. In *Conference on Computer Vision and Pattern Recognition (CVPR)*, pp. 4104–4113, 2016.

[90] David Crandall, Andrew Owens, Noah Snavely, and Dan Huttenlocher. Discrete-continuous Optimization for Large-scale Structure from Motion. In *Conference on Computer Vision and Pattern Recognition (CVPR)*, pp. 3001–3008. IEEE, 2011.

[91] Zhaopeng Cui and Ping Tan. Global Structure-from-Motion by Similarity Averaging. In *International Conference on Computer Vision (ICCV)*, pp. 864–872, 2015.

[92] Siyu Zhu, Runze Zhang, Lei Zhou, Tianwei Shen, Tian Fang, Ping Tan, and Long Quan. Very Large-scale Global SfM by Distributed Motion Averaging. In *Conference on Computer Vision and Pattern Recognition (CVPR)*, pp. 4568–4577, 2018.

[93] Daniel Barath, Dmytro Mishkin, Ivan Eichhardt, Ilia Shipachev, and Jiri Matas. Efficient Initial Pose-graph Generation for Global SfM. In *Conference on Computer Vision and Pattern Recognition (CVPR)*, pp. 14546–14555, June 2021.

[94] Luwei Yang, Heng Li, Jamal Ahmed Rahim, Zhaopeng Cui, and Ping Tan. End-to-End Rotation Averaging with Multi-source Propagation. In *Conference on Computer Vision and Pattern Recognition (CVPR)*, pp. 11774–11783, June 2021.

[95] Alvaro Parra, Shin-Fang Chng, Tat-Jun Chin, Anders Eriksson, and Ian Reid. Rotation Coordinate Descent for Fast Globally Optimal Rotation Averaging. In *Conference on Computer Vision and Pattern Recognition (CVPR)*, pp. 4298–4307, June 2021.

[96] Hainan Cui, Xiang Gao, Shuhan Shen, and Zhanyi Hu. HSfM: Hybrid Structure-from-Motion. In *Conference on Computer Vision and Pattern Recognition (CVPR)*, July 2017.

[97] Yu Chen, Ji Zhao, and Laurent Kneip. Hybrid Rotation Averaging: A Fast and Robust Rotation Averaging Approach. In *Conference on Computer Vision and Pattern Recognition (CVPR)*, pp. 10358–10367, June 2021.

[98] David Nister and Henrik Stewenius. Scalable Recognition with a Vocabulary Tree. In *Conference on Computer Vision and Pattern Recognition (CVPR)*, Vol. 2, pp. 2161–2168. IEEE, 2006.

[99] Rob Fergus. Classical Methods for Object Recognition. http://people.csail.mit. edu/torralba/shortCourseRLOC/slides/ICCV2009_classical_methods.pptx.

[100] Gabriella Csurka, Christopher Dance, Lixin Fan, Jutta Willamowski, and Cédric Bray. Visual Categorization with Bags of Keypoints. In *European Conference on Computer Vision Workshops (ECCVW)*, Vol. 1, pp. 1–2, 2004.

[101] 山崎俊彦. 画像の特徴抽出 2：Scale-Invariant Feature Transform (SIFT) と Bag of Features (BoF). 映像情報メディア学会誌, Vol. 64, No. 4, pp. 530–537, 2010.

[102] 永橋知行, 伊原有仁, 藤吉弘亘. 画像分類における Bag-of-features による識別に有効な特徴量の傾向. 情報処理学会研究報告, CVIM, 169, 2009.

[103] David Arthur and Sergei Vassilvitskii. k-means++: The Advantages of Careful Seeding. In *ACM-SIAM Symposium on Discrete Algorithm (SODA)*, 2007.

[104] Josef Sivic and Andrew Zisserman. Video Google: A Text Retrieval Approach to Object Matching in Videos. In *International Conference on Computer Vision (ICCV)*, Vol. 3, pp. 1470–1470, 2003.

[105] Dorian Gálvez-López and Juan D. Tardos. Bags of Binary Words for Fast Place Recognition in Image Sequences. *Transactions on Robotics*, Vol. 28, No. 5, pp. 1188–1197, 2012.

[106] DBoW2. https://github.com/dorian3d/DBoW2.

[107] Andrew J. Landgraf and Yoonkyung Lee. Dimensionality Reduction for Binary Data through the Projection of Natural Parameters. *Journal of Multivariate Analysis*, Vol. 180, p. 104668, 2020.

[108] Johan Paratte. Sparse Binary Features for Image Classification. *Master Thesis*, 2013.

[109] Shiliang Zhang, Qi Tian, Qingming Huang, Wen Gao, and Yong Rui. USB: Ultrashort Binary Descriptor for Fast Visual Matching and Retrieval. *Transactions on Image Processing (TIP)*, Vol. 23, No. 8, pp. 3671–3683, 2014.

[110] 市原光将, 渋谷樹弥, 大川快, 大西正輝, 櫻田健. バイナリ超平面を利用した高速な次元削減手法の提案. 画像の認識・理解シンポジウム（MIRU）, 2021.

[111] Mark Everingham, Andrew Zisserman, Chris Williams, and Luc Van Gool. The PASCAL Visual Object Classes Challenge 2006 (VOC2006) Results. http://www. pascal-network.org/challenges/VOC/voc2006/results.pdf.

[112] OpenCV: Open Source Computer Vision Library. https://github.com/opencv/ opencv.

[113] Philip H. S. Torr, Andrew W. Fitzgibbon, and Andrew Zisserman. The Problem of Degeneracy in Structure and Motion Recovery from Uncalibrated Image Sequences. *International Journal of Computer Vision (IJCV)*, Vol. 32, No. 1, pp. 27–44, 1999.

[114] Laurent Kneip and Simon Lynen. Direct Optimization of Frame-to-Frame Rotation. In *International Conference on Computer Vision (ICCV)*, December 2013.

[115] Laurent Kneip and Paul Furgale. OpenGV: A Unified and Generalized Approach to Real-time Calibrated Geometric Vision. In *International Conference on Robotics and*

Automation (ICRA), pp. 1–8. IEEE, 2014.

[116] Carlo Tomasi and Takeo Kanade. Detection and Tracking of Point Features. *Carnegie Mellon University Technical Report*, 1991.

[117] Jianbo Shi and Carlo Tomasi. Good Features to Track. In *Conference on Computer Vision and Pattern Recognition (CVPR)*, pp. 593–600. IEEE, 1994.

[118] Peter Corke, Dennis Strelow, and Sanjiv Singh. Omnidirectional Visual Odometry for a Planetary Rover. In *International Conference on Intelligent Robots and Systems (IROS)*, Vol. 4, pp. 4007–4012. IEEE, 2004.

[119] Hernan Badino and Takeo Kanade. A Head-wearable Short-baseline Stereo System for the Simultaneous Estimation of Structure and Motion. In *International Conference on Machine Vision Applications (MVA)*, Vol. 12, pp. 185 – 189, June 2011.

[120] Ming Xu, Tobias Fischer, Niko Sünderhauf, and Michael Milford. Probabilistic Appearance-invariant Topometric Localization with New Place Awareness. *Robotics and Automation Letters (RAL)*, Vol. 6, No. 4, pp. 6985–6992, 2021.

[121] Mark Cummins and Paul Newman. FAB-MAP: Probabilistic Localization and Mapping in the Space of Appearance. *International Journal of Robotics Research (IJRR)*, Vol. 27, No. 6, pp. 647–665, 2008.

[122] Hernán Badino, Daniel Huber, and Takeo Kanade. Visual Topometric Localization. In *Intelligent Vehicles Symposium (IV)*, pp. 794–799. IEEE, 2011.

[123] Hernán Badino, Daniel Huber, and Takeo Kanade. Real-time Topometric Localization. In *International Conference on Robotics and Automation (ICRA)*, pp. 1635–1642. IEEE, 2012.

[124] Berthold K. P. Horn. Closed-form Solution of Absolute Orientation Using Unit Quaternions. *Journal of The Optical Society of America A-optics Image Science and Vision*, Vol. 4, pp. 629–642, 1987.

[125] Shinji Umeyama. Least-squares Estimation of Transformation Parameters Between Two Point Patterns. *Transactions on Pattern Analysis and Machine Intelligence (TPAMI)*, Vol. 13, pp. 376–380, 1991.

[126] Jiahui Huang, Sheng Yang, Tai-Jiang Mu, and Shi-Min Hu. ClusterVO: Clustering Moving Instances and Estimating Visual Odometry for Self and Surroundings. In *Conference on Computer Vision and Pattern Recognition (CVPR)*, June 2020.

[127] Francesco Pittaluga, Sanjeev J. Koppal, Sing Bing Kang, and Sudipta N. Sinha. Revealing Scenes by Inverting Structure From Motion Reconstructions. In *Conference on Computer Vision and Pattern Recognition (CVPR)*, June 2019.

[128] Pablo Speciale, Johannes L. Schonberger, Sudipta N. Sinha, and Marc Pollefeys. Privacy Preserving Image Queries for Camera Localization. In *International Conference on Computer Vision (ICCV)*, October 2019.

[129] Pablo Speciale, Johannes L. Schonberger, Sing Bing Kang, Sudipta N. Sinha, and Marc Pollefeys. Privacy Preserving Image-Based Localization. In *Conference on Computer Vision and Pattern Recognition (CVPR)*, June 2019.

[130] Marcel Geppert, Viktor Larsson, Pablo Speciale, Johannes L. Schönberger, and Marc Pollefeys. Privacy Preserving Structure-from-Motion. In *European Conference on*

Computer Vision (ECCV)*, pp. 333–350. Springer, 2020.

[131] Mikiya Shibuya, Shinya Sumikura, and Ken Sakurada. Privacy Preserving Visual SLAM. In *European Conference on Computer Vision*, pp. 102–118. Springer, 2020.

[132] Kunal Chelani, Fredrik Kahl, and Torsten Sattler. How Privacy-preserving Are Line Clouds? Recovering Scene Details From 3D Lines. In *Conference on Computer Vision and Pattern Recognition (CVPR)*, pp. 15668–15678, June 2021.

さくらだ けん（産業技術総合研究所）

こんぴゅ〜た☆びじょん君

@kanejaki 作／松井勇佑 編

（マンガ寄稿者募集中！　寄稿をご希望の方は東京大学松井勇佑〈matsui@hal.t.u-tokyo.ac.jp〉までご一報ください）

CV イベントカレンダー

名　称	開催地	開催日程	投稿期限
AAAI-22（AAAI Conference on Artificial Intelligence）国際 https://aaai.org/Conferences/AAAI-22/	Virtual	2022/2/22〜3/1	2021/9/8
DIA2022（動的画像処理実利用化ワークショップ）国内 http://www.tc-iaip.org/dia/2022/	オンライン	2022/3/3〜3/4	2021/12/10
『コンピュータビジョン最前線　Spring 2022』3/10 発売			
情報処理学会全国大会 国内 https://www.ipsj.or.jp/event/taikai/84/index.html	愛媛大学，ハイブリッド	2022/3/3〜3/5	2021/12/7
情報処理学会 CVIM 研究会/電子情報通信学会 PRMU 研究会［連催，3 月度］国内 http://cvim.ipsj.or.jp/ https://www.ieice.org/ken/program/index.php?tgid=IEICE-PRMU	オンライン	2022/3/10〜3/11	2022/1/14
電子情報通信学会総合大会 国内 http://www.ieice-taikai.jp/2022general/jpn/	オンライン	2022/3/15〜3/18	2022/1/5
AISTATS 2022（International Conference on Artificial Intelligence and Statistics）国際 http://aistats.org/aistats2022/cfp.html	Virtual	2022/3/28〜3/30	2021/10/15
ICLR 2022（International Conference on Learning Representations）国際 https://iclr.cc/	Virtual	2022/4/25〜4/29	2021/10/6
WWW 2022（ACM Web Conference）国際 https://www2022.thewebconf.org/	Online (Lyon, France)	2022/4/25〜4/29	2021/10/21
CHI 2022（ACM CHI Conference on Human Factors in Computing Systems）国際 https://chi2022.acm.org/	New Orleans, LA, USA	2022/4/30〜5/6	2021/9/9
情報処理学会 CVIM 研究会/電子情報通信学会 PRMU 研究会［連催，5 月度］国内 http://cvim.ipsj.or.jp/ https://www.ieice.org/ken/program/index.php?tgid=IEICE-PRMU	豊田工業大学	2022/5/12〜5/13	未定
SCI'22（システム制御情報学会研究発表講演会）国内 https://sci22.iscie.or.jp/	京都リサーチパーク	2022/5/18〜5/20	2022/1/14
ACL 2022（Annual Meeting of the Association for Computational Linguistics）国際 https://www.2022.aclweb.org/	Dublin, Ireland	2022/5/22〜5/27	2021/11/15
ICASSP 2022（IEEE International Conference on Acoustics, Speech, and Signal Processing）国際 https://2022.ieeeicassp.org/	Singapore	2022/5/22〜5/27	2021/10/6
ICRA 2022（IEEE International Conference on Robotics and Automation）国際 https://www.icra2022.org/	Philadelphia (PA), USA	2022/5/23〜5/27	Regular：2021/9/14 RA-L option：2021/9/9

名　称	開催地	開催日程	投稿期限
SSII2022（画像センシングシンポジウム）[国内] https://confit.atlas.jp/guide/event/ssii2022/top?lang=ja	横浜	2022/6/8〜6/10	2022/3/1
『コンピュータビジョン最前線　Summer 2022』6/10 発売			
JSAI2022（人工知能学会全国大会）[国内] https://www.ai-gakkai.or.jp/jsai2022/	国立京都国際会館	2022/6/14〜6/17	2022/3/3〜3/4
CVPR 2022（IEEE/CVF International Conference on Computer Vision and Pattern Recognition）[国際] http://cvpr2022.thecvf.com/	New Orleans, LA, USA	2022/6/19〜6/23	2021/11/16
RSS 2022（Conference on Robotics：Science and Systems）[国際] https://roboticsconference.org/	New York, PA, USA	2022/6/27〜7/1	2022/1/28
ICMR 2022（ACM International Conference on Multimedia Retrieval）[国際] https://www.icmr2022.org/	Newark, NJ, USA	2022/6/27〜6/30	2022/1/20
NAACL 2022（Annual Conference of the North American Chapter of the Association for Computational Linguistics）[国際] https://2022.naacl.org/	Seattle, WA, USA	2022/7/10〜7/15	2022/1/15
ICML 2022（International Conference on Machine Learning）[国際] https://icml.cc/	Baltimore, MD, USA	2022/7/17〜7/23	2022/1/27
ICME 2022（IEEE International Conference on Multimedia and Expo）[国際] http://2022.ieeeicme.org/	Taipei, Taiwan	2022/7/18〜7/22	2021/12/22
IJCAI-22（International Joint Conference on Artificial Intelligence）[国際] https://ijcai-22.org/	Vienna, Austria	2022/7/23〜7/29	2022/1/14
MIRU2022（画像の認識・理解シンポジウム）[国内] https://sites.google.com/view/miru2022	アクリエひめじ（姫路市文化コンベンションセンター）	2022/7/25〜7/28	2022/3/18
ICCP 2022（International Conference on Computational Photography）[国際] https://iccp2022.iccp-conference.org/	Pasadena, CA, USA	2022/8/1〜8/3	2022/4/15
SIGGRAPH 2022（Premier Conference and Exhibition on Computer Graphics and Interactive Techniques）[国際] https://s2022.siggraph.org/program/technical-papers/	Vancouver, Canada	2022/8/7〜8/11	2022/1/26
KDD 2022（ACM SIGKDD Conference on Knowledge Discovery and Data Mining）[国際] https://kdd.org/kdd2022/	Washington DC, USA	2022/8/14〜8/18	2022/2/10
ICPR 2022（International Conference on Pattern Recognition）[国際] https://www.icpr2022.com/	Montreal, Canada	2022/8/21〜8/25	2022/1/17

名　称	開催地	開催日程	投稿期限
SICE 2022（SICE Annual Conference）[国際] https://sice.jp/siceac/sice2022/	Kumamoto, Japan	2022/9/6〜9/9	2022/3/20
<td colspan="4" align="center">『コンピュータビジョン最前線　Autumn 2022』9/10 発売</td>
FIT2022（情報科学技術フォーラム）[国内] https://www.ipsj.or.jp/event/fit/fit2022/index.html	慶應義塾大学矢上キャンパス	2022/9/13〜9/15	未定
電子情報通信学会 PRMU 研究会［9 月度］ [国内] https://www.ieice.org/ken/program/index.php?tgid=IEICE-PRMU	慶應義塾大学矢上キャンパス	2022/9/14〜9/15	未定
Interspeech 2022（Interspeech Conference） [国際] https://interspeech2022.org/	Incheon, Korea	2022/9/18〜9/22	2022/3/21
ACM MM 2022（ACM International Conference on Multimedia）[国際] https://2022.acmmm.org/	Lisbon, Portugal	2022/10/10〜10/14	2022/3/31
ICIP 2022（IEEE International Conference in Image Processing）[国際] https://2022.ieeeicip.org/	Bordeaux, France	2022/10/16〜10/19	2022/2/16
ISMAR 2022（IEEE International Symposium on Mixed and Augmented Reality） [国際] https://ismar2022.org/	Singapore	2022/10/17〜10/21	2022/3/11
電子情報通信学会 PRMU 研究会［10 月度］ [国内] https://www.ieice.org/ken/program/index.php?tgid=IEICE-PRMU	日本科学未来館	2022/10/21〜10/22	未定
IROS 2022（IEEE/RSJ International Conference on Intelligent Robots and Systems） [国際] https://iros2022.org/	Kyoto, Japan	2022/10/23〜10/27	2022/3/1
ECCV 2022（European Conference on Computer Vision）[国際] https://eccv2022.ecva.net/	Tel-Aviv, Israel	2022/10/24〜10/28	2022/3/7
UIST 2022（ACM Symposium on User Interface Software and Technology）[国際] https://uist.acm.org/uist2022/	Bend, Oregon, USA	2022/10/29〜11/2	2022/4/7
情報処理学会 CVIM 研究会［情報処理学会 CGI/DCC 研究会と共催，11 月度］[国内] http://cvim.ipsj.or.jp/	未定	2022/11 の範囲で未定	未定
IBIS2022（情報論的学習理論ワークショップ） [国内] https://ibisml.org/	つくば国際会議場	2022/11/20〜11/23	未定
NeurIPS 2022（Conference on Neural Information Processing Systems）[国際] https://nips.cc/	New Orleans, LA, USA	2022/11/26〜12/4	T. B. D.
3DV 2022（International Conference on 3D Vision）[国際]	T. B. D.	T. B. D.	T. B. D.

名　称	開催地	開催日程	投稿期限
ACCV 2022（Asian Conference on Computer Vision）[国際]	Macau, China	2022/12/4〜12/8	2022/6/15
ViEW2022（ビジョン技術の実利用ワークショップ）[国内] http://view.tc-iaip.org/view/2022/	未定	2022/12/8〜12/9	未定
『コンピュータビジョン最前線　Winter 2022』12/10 発売			
ACM MM Asia 2022（ACM Multimedia Asia）[国際] https://www.mmasia2022.org/submission/	Tokyo, Japan	2022/12/13〜12/18	T. B. D.
CoRL 2022（Conference on Robot Learning）[国際] http://corl2022.org/	Auckland, New Zealand	2022/12/14〜12/18	2022/6/15
電子情報通信学会 PRMU 研究会［12 月度］[国内] https://www.ieice.org/ken/program/index.php?tgid=IEICE-PRMU	富山	2022/12/15〜12/16	未定
情報処理学会 CVIM 研究会/電子情報通信学会 MVE 研究会/VR 学会 SIG-MR 研究会［連催，1 月度］[国内] http://cvim.ipsj.or.jp/	未定	2023/1 の範囲で未定	未定
情報処理学会 CVIM 研究会/電子情報通信学会 PRMU 研究会［連催，3 月度］[国内] http://cvim.ipsj.or.jp/ https://www.ieice.org/ken/program/index.php?tgid=IEICE-PRMU	公立はこだて未来大学	2023/3/2〜3/3	未定
電子情報通信学会総合大会 [国内]	芝浦工業大学	2023/3/7〜3/10	未定

2022 年 2 月 4 日現在の情報を記載しています。最新情報は掲載 URL よりご確認ください。また，投稿期限はすべて原稿の提出締切日です。多くの場合，概要や主題の締切は投稿期限の 1 週間程度前に設定されていますのでご注意ください。

編集後記

2021年12月初旬,『コンピュータビジョン最前線』創刊号の紙媒体を手にした時,身の引き締まる思いでした。というのも,定例のミーティングで編集委員一同顔を見合わせ「創刊号のクオリティを今後数年[1]保つことができるのか?」と話していたからです。しかし,第2刊である本書の原稿が上がってきて,その不安は杞憂であることに気づかされました。それもそのはず,長文記事である「イマドキノ動画認識」には同分野にて世界的なベースライン「3D ResNet」を研究開発した原健翔氏,「ニュウモン Visual SLAM」には国内 SLAM 研究者のカリスマで,次々に新しい SLAM 技術を提案し続ける櫻田健氏を迎えています。フカヨミ記事の執筆陣は,研究コミュニティにてそれぞれ中心的に活躍し,同世代の研究者たちと切磋琢磨して論文読解能力を日々鍛えている内田奏氏(「フカヨミ 超解像」),福原吉博氏(「フカヨミ 敵対的サンプル」),秋本直郁氏(「フカヨミ 画像生成」)の3名です。普段打ち合わせの時などに教えてもらっていた論文も,執筆陣によって文章に変換され,『コンピュータビジョン最前線』という媒体を介することで,また違った学びを得ることができました。第2刊も自信をもって送り出せる1冊であると感じています。

順番が前後してしまいましたが,『コンピュータビジョン最前線』創刊号出版から早1ヶ月。創刊号を読んでくださった皆さまにはとても感謝しています。皆さまからのコメントはシリーズの SNS を通じて拝見しています。次刊以降の企画も編集委員一同,全力で考えていきますので,引き続きどうぞよろしくお願いいたします。

追記:創刊号 p. 18, 19 の図2, 4 には片岡家の愛犬が掲載となり[2],家族とともに大歓喜でした!しかも,牛久家の猫ちゃんと共演できる日が来るとは。創刊号はそういう意味でも思い入れのある1冊になりました。

[1] 本シリーズは3〜4年は続く予定ではあります。
[2] 共立出版の Web ページにて無料公開中です(https://www.kyoritsu-pub.co.jp/bookdetail/9784320125421)。

片岡裕雄(産業技術総合研究所)

次刊予告(Summer 2022／2022年6月刊行予定)
巻頭言(片岡裕雄)／イマドキノ 基盤モデル(藤井亮宏)／フカヨミ 半教師あり学習(郁青)／フカヨミ Noise Robust GAN(金子卓弘)／フカヨミ DINO(箕浦大晃・岡本直樹)／ニュウモン コンピュテーショナルCMOSイメージセンサ(香川景一郎)／がぞーけんきゅーぶ!(桂井麻里衣)

コンピュータビジョン最前線 Spring 2022

2022年3月10日 初版1刷発行

編 者 井尻善久・牛久祥孝・片岡裕雄・藤吉弘亘
発 行 者 南條光章
発 行 所 **共立出版株式会社**
〒112-0006 東京都文京区小日向4-6-19 電話 03-3947-2511(代表)
振替口座 00110-2-57035
www.kyoritsu-pub.co.jp

本文制作 ㈱グラベルロード
印 刷 大日本法令印刷
製 本

検印廃止
NDC 007.13
ISBN 978-4-320-12543-8

一般社団法人
自然科学書協会
会員

Printed in Japan